知识生产的原创基地
BASE FOR ORIGINAL CREATIVE CONTENT

颉腾文化
JIE TENG CULTURE

你有几个自己

Uncover Your Unknown Selves

探秘神奇的人格世界

朱建军◎著

中国广播影视出版社

图书在版编目（CIP）数据

你有几个自己：探秘神奇的人格世界 / 朱建军著 .
-- 北京 : 中国广播影视出版社 , 2022.1
ISBN 978-7-5043-8724-0

Ⅰ . ①你… Ⅱ . ①朱… Ⅲ . ①人格—研究 Ⅳ .
① B825

中国版本图书馆 CIP 数据核字 (2021) 第 240611 号

你有几个自己：探秘神奇的人格世界
朱建军　著

策　　划	颉腾文化
责任编辑	任逸超
责任校对	龚　晨
出版发行	中国广播影视出版社
电　　话	010-86093580　010-86093583
社　　址	北京市西城区真武庙二条 9 号
邮　　编	100045
网　　址	www.crtp.com.cn
电子信箱	crtp8@sina.com
经　　销	全国各地新华书店
印　　刷	三河市宏图印务有限公司
开　　本	880 毫米 × 1230 毫米　1/32
字　　数	230（千）字
印　　张	10
版　　次	2022 年 1 月第 1 版　2022 年 1 月第 1 次印刷
书　　号	ISBN 978-7-5043-8724-0
定　　价	69.00 元

Preface 前言

我习惯于把人格意象分解技术称为“拆人”，我觉得这个词比较形象，听起来和“大卸八块”类似，但是实际上完全不是那么恐怖。说真的，自从开始“拆人”以来，被拆的人都很高兴。记得在读博士的时候，时间比较松快，经常有朋友找到我们说“有时间把我也拆了吧”。我们就把他拆了。过几天他又找来说：“把我组装起来吧，我要到外地开会，总不能‘一堆零件’就跑过去吧?”我们就把他再组装起来。

当然，作为心理学家，我拆人、装人都是在心理的层面，而不是像外科医生一样动刀子。我们所做的，是把他的人格拆分开。分开后，会发现一个人的心理层面上，实际是由许多个不同性格的人组成的自己。

在日常生活中，有的人早就有一种感受——自己的心理不是单纯的，性格是多面性的、复杂的。有的时候，你也许是一个很文静的人，但是在其他时候，你也许是一个很疯狂的人、有激情的人。好像在这个身体中，活着的不是一个自己。在遇到犹豫不决的事情的时候，甚至可以觉察到仿佛有两个人在争论，一个说要这样做，另一个反对。人格意象分解作为一种心理咨询的技术，建立在意象对话技术的基础上，把性格的各个侧面都人格化了。它可以让我们清晰地看到，原来人的内心中，实际上有许多不同性格的子人格存在。我们的性格之所以那么复杂，就是因为在内心中有不同的人，他们有不同的性格。

人格意象分解技术，就是通过分析人格，找出一个人心中各个不同的子人格的方法。“拆”一个人，就是把他心中各个子人格找出来。每一个子人格都会在想象中有一个自己的具体形象，仿佛他是一个独立的人。当张爱玲只有十几岁时，就曾说她的心里有一个历尽沧桑的老人。假如把当时的张爱玲“拆”了，就会发现，在她心中，有十几岁的女孩，有年迈的老人，有天才的少年，也有小市民女人……

运用这个技术，可以让我们了解自己的心灵，我可以自豪地说，用它来了解自我是非常有效的。它就像是心灵的CT，可以把我们心理和人格的各个方面清晰地展现出来。心理学家通过这个技术可以帮助我们完善自我，消除心理障碍，促进心灵成长。

我们可能都很忙，都很急于成功。我们很少有时间关注自己的心灵。即使有的人希望关注自己的心灵，希望自己的心灵可以成长，希望自己不仅仅在物质上富有，在心灵上也可以丰富，他们也很少有合适的方法来关注自己的心灵。弗洛伊德曾把心比作一座冰山，说这冰山只有 1/10 是在水面上的，只有这 1/10 是我们看得到的，而其他部分都在潜意识中。所以，我们实际上很少知道真正的自我是什么样子的，很少真正知道自己要的是什么。你也许认为自己要的当然是金钱、美女（或帅男），但是有的人在家财亿万后，反而发现自己不快乐，他自己也不知道是为什么。这是因为他不知道，在内心深处，他需要的可能不仅仅是金钱、美女（或帅男），可能还有其他的什么东西。如果我们不知道自己的潜意识中有什么，就没有关注心灵的方法，也就很难丰富自己的心灵。人格意象分解就提供了了解自己的一个新方法。

最开始我是有些担心的，因为这个技术很容易唤起荣格所谓的“原始意象”，这些意象产生后，往往带着极为巨大的心理能量，十分难以控制，有时会引起非常真切的幻觉。在我刚刚尝试的时候，没有人教我怎么做，也不知道会不会有什么危险。真的很像走进了原始森林。记得一个师弟开玩笑说：“你可不要弄成一个精神病。”好在一切顺利，我们从心灵的原始森林中顺利地走出来了。

后来我们把人格意象分解技术带入意象对话的教学、咨询和学员自我成长之中，从那时的尝试到现在已经有 20 多年，经过包括我自己在内的许多意象对话咨询师，还有意象对话学员去实践应用和完善它，现在已经成熟。越来越多的意象对话咨询师在做咨询时使用这种方法，起到了很好的效果。

我们愿意将此书作为游记，献给心理学同行和其他关注自己心灵的人们。通过我们的游记和地图指导，可以更轻松、更安全地探入心灵的世界。当然，要真正掌握和运用好这门技术，需要进行系统的培训学习，本书只是一个向导，透过它，你也许会对心灵宇宙的美丽发出惊叹。

Contents 目录

第 1 篇 “拆分”你自己 /001

Part01 一个人到底有多少自己 /003

No.1 讲个故事：一个人格分裂的姑娘 /003

西碧尔拥有多重人格。她身体里仿佛有许多不一样的“自己”在不同时候轮流占据她的身体。

No.2 你知道吗？人人都是多重人格 /012

作为一种心理障碍，多重人格的自我分裂是自发而被动的。其实，每个正常人也有多个人格侧面，我们可以主动地把人格“分裂”为十几甚至几十个不同的自己（子人格）。

No.3 发现“子人格”的好方法：人格意象分解技术 /014

“人格意象分解技术”就像汽车在被保养时，工人会把汽车拆开来修理。我常把它称为“拆人”。通过“拆人”，内心中的所有子人格才有机会被认识到。

Part02 进入心灵世界的巧妙方式：意象对话技术 /017

No.1 学会用心灵之眼看自己：何为意象对话 /017

意象是有象征意义的心理图像。例如，我们用天平象征正义，用骷髅象征死亡，用玫瑰象征爱情，这些都是有象征意义的意象。“意象对话技术”是借助意象来帮助我们彻底看清自己真实的心灵世界。

No.2 给子人格一次露脸机会：意象对话如何帮你 /019

她想象出两个人：一个是老妇人，驼背、衰弱无力；另一个是五六岁的小女孩，一身泥，很委屈。她们都是她的子人格。老妇人代表性格中衰弱、自卑、没有勇气的侧面；小女孩代表幼稚、胆小、可怜的侧面。

No.3 意象对话让你的子人格变好 /023

试着把某个子人格当作独立的人，进行沟通对话，了解其独特之处，从而去影响和改变它。

Part03 神奇的“拆人术”：“人格意象分解技术”如何工作 /027

No.1 开始“拆人”：引导和记录子人格 /027

在做人格意象分解时，我们发现了一个有趣的现象：在想象出了一定以“人”形象呈现的子人格后，就会自发出现一些动物或鬼神、菩萨的形象。

No.2 让子人格登场：邀请和识别的关键点 /031

让子人格成功露面的关键是放松。要减少心理抗拒，并敏锐地识别子人格的出现。

No.3 子人格出现的信号：你会被 TA“占据”/033

当某个子人格露面时，我们的表情、声调、身体姿势都会发生明显改变。

No.4“拆人”法变式：用不同场景唤出子人格 /036

“房子”是人内心世界的象征，房中的人就是子人格。我们可以想象走入一所房子，看看房中都有谁。

No.5 子人格的演变与重组：自我的“凤凰涅槃”/038

某个子人格的“死亡”意味着某种人格特质发生了质的改变，不再适合用过去的形象。

第 2 篇 | 看看自己的内心 /041

Part04 看清心灵世界“人际场”：子人格互动状态 /043

No.1 增进对自己的了解：让不相识的子人格彼此认识 /044

一个子人格不认识另一个，代表内心的“隔离”。帮助子人格相互认识，意味着增加了对自己的了解。

No.2 拥有好人际：让情感冷漠的子人格温暖 /046

一个对其他子人格不太关心的子人格，代表一种对人疏离的性格。在强迫症或者强迫性格人群中比较常见。

No.3 内心和谐：让相互冲突的子人格友好相处 /048

生活中的“工作狂”，都有一个“追求效率”的子人格，但必定也有一个懒惰子人格。二者相互唾弃。

No.4 自我接纳的秘密：找到相互喜欢的子人格 /050

当一个子人格喜欢或依恋另一个子人格时，内心会更加包容和睦。

No.5 子人格关系记录的小技巧 /052

用简单矩阵图来记录子人格之间的关系。列出子人格名字，并在表格中填上代表关系的符号：“+”代表喜欢，“-”代表不喜欢，“/”代表不认识，“=”代表认识但是不关心。

Part05 有趣的心理测试：借助子人格彻底看清自己 /056

No.1 人格“成熟度”：用子人格计算“心理年龄”/056

人的心理年龄是所有子人格年龄的平均值。子人格中孩子占主导，就会显得“心理幼稚”。

No.2 男女气质倾向：用子人格探索“心理性别”/059

心理性别是对男性或女性程度的测量。例如，贾宝玉在生理上是男性，但其心理的女性程度很高。

No.3 我接纳自己吗：内部和谐度测量 /062

子人格之间的冲突多，说明内部和谐度低，也说明心理矛盾多，自我接纳性差。

No.4 我有多了解自己：隔离程度、冷漠度和复杂度 /063

隔离程度越高，说明子人格之间越不熟悉。冷漠度高，说明子人格之间不友好。子人格的数量越多，人格越复杂。

Part06 一个人的“小社会”：心灵世界的组织结构 /066

No.1 心灵组织图：让子人格关系变清晰 /066

真实社会由许多人际关系圈组成，同样，人内心的各子人格也形成了关系圈。不同组织形式让人格呈现出“等级”“环形”“双峰”“网状”四种不同结构。

No.2 关系圈和情结：透视关系问题的产生 /068

“情结”是几个子人格构成的关系圈。例如，“恋母情结”是一个人的“孩子”子人格，在依恋其“内在母亲”子人格。

No.3 子人格关系圈的组织形式，决定你的人格结构 /070

有“等级”层次结构人格的人，适合在军队、政府等机构工作；有“环形”结构人格的人，适合做社交性工作；有“网状”结构人格的人，适合从事画家、作家等自由职业。

第 3 篇 | 子人格的真相 /075

Part07 心灵世界的众生相：看看你的子人格 /077

No.1 不同子人格象征什么 /077

子人格成分分析，可以让我们了解内心中的人、动物、鬼神的心理象征。

No.2 来自远古的力量：原型和原始意象 /079

原型是指我们的祖先在生活中经常遇到的事、情境和对象。某些现代人并不健壮，但在遇到危险时很有胆量，这就是其心中的“英雄”原型在起作用。

No.3 你和他人为何有相似性格：共同的原型或意象 /080

一些意象的象征意义是共同的。例如，无论“小老虎”这一形象成为谁的子人格，其特点都是胆大、敢闯敢干、顽皮淘气等。

No.4 练就火眼金睛：识别变身的原始意象 /081

当原始意象出现后，不会仅有一种样子，而是像孙悟空一样“七十二变”。

No.5 心灵世界“提纯”：识别不纯的子人格 /082

某些子人格源于几个原始意象的结合，或是原始意象受到了现实经验或心理问题的“污染”。

No.6 原形毕露：辨别子人格中原始意象的技巧 /085

了解一个人的子人格中有哪些原始意象，或者辨别其是哪个原始意象的化身，是意象对话心理咨询工作的关键。

No.7 子人格中的人物登场了：代表你的品质 /088

原型会以人的形象出现在子人格中。例如，权力原型往往体现为“帝王”“权威者”“严厉的父亲”等形象。

No.8 子人格中的动物登场了：代表你的气质 /091

动物往往代表一个人天赋的素质、神经系统的特点，或叫气质。

No.9 和心理障碍有关的子人格：死神、恶魔、鬼 /095

死神与魔鬼是死亡本能的化身。不同类型的鬼，象征着不同消极情绪或不良的行为方式。

No.10 子人格中的神：神灵、菩萨、佛 /099

大力神赫拉克里特是英雄原型的象征意象；寿星是“老人”的象征意象。

No.11 子人格中的无生命存在：植物、矿物或器物 /101

在人格意象分解中出现的植物、矿物和器物，同样是一个人性格特点的象征。

Part08 心灵世界的神奇力量：心灵元素分析 /104

No.1 价值性的元素：子人格为何而活 /104

价值维度回答的是某个子人格为什么而活？如追求爱、觉悟、智慧等。

No.2 品质性的元素：子人格的内心体验 /106

品质性的元素是由体验而生，包括快乐、自由、力量、活力、担当等。

No.3 衍生需要元素：子人格的基本需要 /109

在人的生命本能基础上，会衍生出关怀、性、积蓄、好奇等需要。

No.4 行为性的元素：子人格的行为特点 /110

行为性的元素包括创造、攻击、欺骗、顺从等，反映子人格行为的核心特点。

No.5 异中有同：同一心理特质在不同意象上的展现 /111

不同子人格意象可以反映共同的心理特质，如蝎子、美丽的孔雀和丹顶鹤三个意象中都有“攻击性”这个因子。

No.6 性能量状态的不同：妖女与怨妇 /114

同样的心理元素在不同子人格意象上，可能强度不同。例如，“性元素”体现在妖女身上是引诱，体现在怨妇身上是被动、不满足的状态。

No.7 生活经验会影响子人格意象的形象 /115

一个人的生活经验会直接影响到子人格意象的具体形象。例如，内心形成的英雄子人格意象，往往会受到以往见过的英雄形象的影响。

Part09 子人格从哪儿来 /117

No.1 作为遗传潜质的存在：固有的子人格 /117

有些子人格是在一个人一出生就潜藏在其心灵中的。例如，天性强健的儿童，也许会有一个“力量型”的子人格，也许是“英雄”，也许是“强盗”，也许是“黑社会老大”。

No.2“言传身教”的道理：内化的子人格 /119

有些子人格是内化生活中的他人产生的。例如，孩子会内化父母，在内心形成和父母很相似的子人格。

No.3 生命像一条时光的河：时期性的子人格 /122

子人格会产生于不同时期。例如，我们的有些儿童子人格反映着我们小时候的性格特点。

No.4 后天经验的塑造：内容性的子人格 /125

内容性子人格在一个人的子人格中数量最多，是生活和行为中塑造出来的子人格。

No.5 适应社会的产物：角色性的子人格 /126

角色性子人格是人内化的社会角色。例如，一个人子人格中的老师、商人等。

Part10 独特的心灵世界法则：子人格遵循的规律 /128

No.1 女性内心为何有男性化身 /128

人人具有两性气质。某人身上的异性心理特质，是以异性的子人格形象出现的。例如，秋瑾说自己“身不得男儿列，心却比男儿烈”，说明她有“男性化”一面。

No.2 别用现实逻辑理解“子人格”/134

人在现实世界只有一个母亲，但在心灵世界中，母亲可分裂为多个子人格：暴怒时，是“恶魔一样的母亲”；温柔平静时，则是“温和的母亲”。

No.3 子人格存在的世界：心理现实 /137

子人格不能随便想象，而是和人的心理状态一致。一个不具备勇气的人，是没办法想象出英雄子人格的。

No.4 对心理现实的两个误区：“不承认它”和“把它当真”/140

要承认子人格的心理现实性，不能把它当作物质现实来看。

第 4 篇 | 透视人际互动 /143

Part11 一花一世界：人际心理的秘密 /145

No.1 心中的他人形象：他人的“副本”/145

我们的脑子里存储了大量的别人的形象，带有情感和性格。这就是别人在我们脑子里的“副本”。

No.2 通过子人格看你和他人的关系：外部交往就是内部交往 /147

每一个人对其他人的感情，实际上都是对自己心中关于这个人“副本”的感情。“我”和“他人”之间的关系，实际上就是我的“主体人格”对我心中的他人“副本”的关系，是一个内部关系。

No.3 心理的“排异反应”/149

当心灵认为某一种思想、行为和情感不是“自我”的，心灵就会排斥它。

No.4 爱他人就可以接收他人的力量 /151

认同，可以把一个原来认为和“自我”不同的东西认作是“自我”的一部分。爱，可以让人接纳并调用别人在自我心中“副本”的能量。

Part12 人和人是没有界限的：人际的子人格交流分析 /153

No.1 人际交往透视：看看你用哪些子人格社交 /153

人际交往中，可能会有不同子人格“轮番上阵”。

No.2 有趣的人际交往小游戏：子人格扑克 /156

将各个子人格制作成卡片放入纸袋。在分析一段社交情景时，一个人做出一个行动或内心活动，就分析它是出自哪个子人格，在纸袋中取出那张子人格卡片。像打扑克牌一样，代表这个子人格“出场”了一次。

No.3 不分你我：感应与界线的消融 /159

两个人有类似的子人格，会很容易出现相互感应或共鸣，在相似的程度达到了一定的高度时，会出现自发认同，于是自我界限消融了。

第 5 篇 | 和谐内外的秘诀 /163

Part13 教你认出他来：抓住识别子人格的迹象 /165

No.1 分辨子人格 /166

不同子人格出场时，外在表现是不同的。

No.2 言语和声调 /169

子人格性格不同，言语方式和声调等都是不同的。

No.3 字迹和相貌 /171

性格固执、偏执的子人格的字迹是坚硬的，往往向一侧倾斜，在起笔处有时会有一个小的转折。

No.4 子人格识别：帮你更好掌控自我 /173

在没识别子人格前，子人格可以控制人的情绪和行为。而当你识别出了它之后，你就成为主动者了。

Part14 换合适的“人”上场：子人格替代与心理调节 /176

No.1“知人善任”的智慧：子人格替代与心理调节 /176

在不同的情境下，用更合适子人格替代不合适的，可以增强适应性。

No.2 子人格替代的方法 /178

需要某个子人格出场时，可以叫他的名字，想象他的样子，体会他的感觉。

No.3 标志：让你更容易调动子人格 /179

反复想象这个子人格的形象，一遍遍充满感情地呼唤他的名字，赞美他，感谢他。以后，呼唤他出现就会非常容易。

No.4 平衡很重要：每个子人格都有出场机会 /182

让某一个子人格太强了会有危险，要给弱的子人格以表达机会。

Part15 自爱的艺术：子人格关系的调节 /186

No.1 一个人也能做团体治疗 /186

子人格关系的调节，实际上和对一个团体中的人际关系做调节方法是一样的。

No.2 减少自我隔离的办法 /187

让不认识的子人格相互认识有助于减少隔离，促进自知。

No.3 增进自我接纳的办法 /190

让相互矛盾、相互厌恶的子人格改善关系，可以减少内心矛盾、增加自我接纳。

No.4 每个人都“本自具足”：子人格间的互补之道 /192

假如有一个子人格有心理问题或障碍，在同一个人自己身上，必定有另一个子人格包含着解除这种心理问题或障碍的“良药”。

Part16 生生灭灭：子人格的“演变”和人格改变 /195

No.1 “生无所息”：子人格的演变 /195

子人格会发生质的变化，表现为有的子人格消失，有的新生，也有几个子人格结合了，或者一个子人格裂变为两个。

No.2 子人格的“物理和化学”演变 /199

“物理演变”是加强或减弱某个子人格。“化学演变”是子人格的心理元素在不同子人格间传递。

No.3 子人格的“核物理”演变：让你脱胎换骨 /203

在“核物理”式的变化发生后，来访者会用这一类的话来表达，“我已经不是原来的我了”“过去的我已经死了”。

No.4 子人格演变也有规律 /204

我见过不少的“毒蛇”，后来她们都变成了孔雀，其中还有一些变成了仙鹤。从没有例外，从没有见到过谁的蛇会转化为兔子、猫或者鸽子。

Part17 你中有我，我中有你：用人格意象分解方法调节关系 /208

No.1 人格意象分解心理咨询与治疗的步骤：灵活应用“六步法”/208

设计意象对话调节方案，首先要有一个关于来访者问题的基本分析，找到和心理问题相关的直接责任子人格、间接责任子人格，以及它们的关系模式。

No.2 人际问题的归因：为自己负责 /210

人际关系上出现问题的人，一个重要的原因就是他的归因不合理。

No.3 向内找原因：人际关系问题的“责任子人格”/213

在一个人正伤心的时候，我们需要了解是哪个子人格正在抑郁，这就是抑郁情绪的直接责任人。

No.4 反求诸己与爱邻如己：把握幸福的主动权 /215

反求诸己，就是多从自己身上找原因，尽量不归咎于别人。爱邻如己，就是让所有子人格相亲相爱。

No.5 人格意象分解看朋友关系：是有缘人吗 /217

可以这样说，“缘分”就是两个人有相似或相同的子人格。

No.6 人格意象分解看婚恋：你为什么会爱上他 /221

了解了一个人心中的异性子人格，也就很容易知道他需要的、爱的将会是什么样子的异性。

第 6 篇 | 看穿心病的根子 /225

Part18 和魔鬼斗法：与强迫性有关的子人格 /227

No.1 死亡的使者：魔鬼 /229

魔鬼是人死亡本能的化身，他的目标是让人在心灵上逐渐失去生命力。

No.2 胆怯的产物：追求绝对者 /235

绝对者类型的子人格缺少安全感，只有在“绝对安全”时才放心，只有追求绝对完美、优秀、强大才不恐惧。

No.3 理性的误用：否定一切的辩论者 /240

不论你和他说什么，辩论者子人格的第一反应就是“不”，他会和你辩论，证明你是错的。

Part19 最美与最丑：与表演性有关的子人格 /243

No.1 控制别人的利器：演员 /244

“演员”子人格有寻求别人注意、表现自己的需要。只有别人喜欢赞赏，他们才能感到自己有价值。往往心理年龄偏小。

No.2 自恋的化身：美女或帅男 /247

这些子人格是自恋情绪的化身。他们所追求的人生意义是让别人注意、喜欢，担心的就是不被别人注意。

No.3 性感可以吸引人：性感女郎或妓女 /248

表演性人格中几乎必定有一个性感的子人格，多为女性。

No.4 具有性能量的动物意象：动物精灵 /250

妖媚的动物也包含性的能量，如狐狸、猫、蛇等。

No.5 用缠绵的感情做钓竿：长发女 /252

飘逸的长发是她们缠绵不休的恋情，也是诱惑异性的钓竿。

No.6 天真可爱，人畜无害：儿童 /254

表演性人格的儿童子人格必须具备一个特点：他关注别人，希望被别人关注和喜欢。

No.7 专门用来吓唬人：各种鬼 /255

表演性人格吓唬别人时的“鬼”，可以是张牙舞爪做“恶鬼”状，也可以是阴森森的，一切以吓唬人有效为原则。

No.8 藏在光彩掩盖下的自卑者：丑陋者 /259

丑陋的子人格是自卑情绪的化身。表演性的人格展示的是自己美好的一面，掩藏的是自己丑陋的一面。

Part20 流泪是为谁：与依赖性有关的子人格 /261

No.1 我用泪光吸引你：哭泣者 /262

哭泣是为了吸引他人的安慰，是依赖性强的人最喜欢的。

No.2 惹人怜爱的小家伙：儿童或小动物 /264

依赖性强的人的儿童子人格数量相对多一些，这正反映了他们在心理发展上的不成熟。

No.3 因病获益：病人 /265

生病是得到关怀的一种很好的手段，依赖性强的人几乎都有病人子人格。

No.4 愤怒的女神：魔女 /268

当魔女子人格独立后，可能会变得更有力量，也更美，如变成太阳女神、“大母神”等。

No.5 不幸的象征：乞丐 /270

依赖性强的人虽然可能在现实生活中是锦衣玉食，但是在心态上和乞丐并无区别。

Part21 心灵的肇事者：易导致心理问题的子人格 /273

No.1 没有情绪就不用痛苦：穿着冰冷盔甲的机器人 /274

机器人子人格是“自我保护”达到了很高程度的体现，他们将自己和情绪隔绝。

No.2 以性忘记死亡：纵欲者 /277

性放纵者把异性看作是物，仅仅是满足性欲的对象，因而把自己的存在也降低为物的水平。

No.3 总觉得周围的人不怀好意：恶兽和恶势力 /280

某些子人格象征的是偏执性的人格特点。有这类子人格的人，易对别人有猜疑，总认为别人对自己不利。

No.4 心灵的严重隔离 / 陌生的自己：天外来客外星人 /282

外星人子人格的出现表明，我们内心的隔离感太严重，以至于心灵的某一部分已完全与其他部分隔开。

No.5 神秘直觉的象征：巫和神秘动物 /284

神秘的人和动物子人格是人直觉功能的化身。如果一个人的神秘子人格占上风，可能是其心理早期发展有问题的标志。

跋　人格漫谈 /288

话题一　人格意象分解视角下的“人性进化”：
动物如何变成人 /288

话题二　创造人格意象分解的灵感和历史渊源 /293

话题三　意象对话人格观的独特之处：
人格是一个可分的整体 /297

第 1 篇

“拆分”你自己

Part 01
一个人到底有多少自己

No. 1　讲个故事：一个人格分裂的姑娘

西碧尔拥有多重人格。她身体里仿佛有许多不一样的“自己”在不同时候轮流占据她的身体。

《人格裂变的姑娘》是一本曾经非常畅销的美国小说，仅仅在美国就曾发行过500多万册。这本书之所以如此畅销，是因为书中的故事非常奇特——女主人公有一种特殊的心理障碍：多重人格。在她的身体中仿佛有许多个不同的自己，这些自己分别在不同的时候占据这个身体。每个自己都有她自己的名字、自己的性格、自己的语调和口音，而且这个故事并不是虚构的，是真实的事情。女主人公和心理医生一起，深入了解了自己心中的这一群人，解决他们的问题。

我想，我们不妨先从这个小说开始吧，看看这些不同的自己是怎样分享她的身体的。

这一段是小说中女主人公西碧尔·伊莎贝尔·多塞特去见心理医生的情景：

西碧尔从写字台下小心地拉出一张红木椅来，僵硬地坐在椅子边儿上。给人的印象是简洁、真实、缺乏感情。似乎是在雇主的办公室呈递一份简历，而不是经过艰苦的斗争后，如今怀着强烈的意图回来找医生深谈的样子。她开始讲话，大学毕业呀、教书呀、在职业治疗领域中工作呀、绘画展出呀、没有接受威尔伯医生的建议去做心理分析呀，甚至母亲之死呀，在这冰冷的一小时内，都被提到了，一点不带感情色彩地提到了。

后来发生了一个奇特的事情。

到 1954 年 12 月 21 日（这时，心理分析刚进行三个月），她们在约定的时刻见面。起先十分乏味，后来西碧尔说道："我想让你看一看这封斯坦的来信。我今天早晨刚收到。"于是，威尔伯才在看清西碧尔·伊莎贝尔·多塞特的真面目的过程中大大地跨进了一步。

这天早晨，西碧尔的心情好像颇为平静。她讲到，斯坦的来信与平时一样没有激情。但在打开手提包时，她立刻慌张起来。信只留了下半截，截边呈锯齿状。

她没有撕。谁撕的？她在手提包里仔仔细细地找了一遍，另半截信不在。

她把早晨收到的另外两封信放在腿上。这两封信完整无损。当时看完后怎样放进信封的，现在仍是原样。但她清楚地记得当时斯坦的信也是完整无损的呀，也是放进信封的呀。现在另半截信连找都找不到了。谁拿的？什么时候拿的？拿的时候她在哪儿呢？她一点都不记得了（西碧尔经常发现自己的东西好像被其他人动过，但是实际上绝对不会有其他人动，除非是她自己）。这样的事又发生了——这种可怕的事居然随着她跟到这里来了，到医生的诊所来了。这个阴影跟随着她，无处不在。

西碧尔想小心谨慎地把刚发生的事偷偷地瞒过那坐在长沙发上离她较远的大夫，便把那封残缺不全的信放到另外两封信后面去。可是，医生正在问她："你想让我看这封信？"

西碧尔开始结巴起来……又由结结巴巴进一步变化下去。

这位拘谨而温柔的来自中西部的中学教员，她的脸由于恐惧和狂怒而变了模样。她从写字台前的椅子上纵身一跃，动作如此迅速，似乎她立刻要办世上所有的事。她把原先放在腿上的几封信猛撕一阵儿，扔进废纸篓。然后握紧拳头，站在屋中央，大声咆哮，"男人全都一个样。就是无法相信他们，真是不能相信"。

她动身朝两扇长窗走去，动作迅速，很像一只蜘蛛。她把绿色窗帘向两边一拉，又握起左拳，径直朝一扇不大的玻璃窗打去。"让我出去。"她尖叫道，"让我出去！"这是极度痛苦的请求——是被鬼魂缠住的人、被追猎的人、中了埋伏的人的喊叫。

威尔伯医生迅速赶上去，但还不够迅速。她还没有碰到她的病人，"咔嚓"一声，西碧尔的拳头已穿出窗户。

"让我看看你的手。"医生抓住她的手腕。西碧尔被医生一碰就身子一缩。"我只想看看你手割破了没有。"医生柔声解释道。

这时病人一动不动地站着。她自从在椅子上跳起来以后还是第一次看着威尔伯医生，眼睛睁得大大的，一脸疑惑的目光。“窗玻璃碎了，你不生气吧？”病人用一种小女孩的嗓音哀声说道，这嗓音与刚才谴责男人的嗓音大有不同。

“当然不生气。”医生答道。

“我比窗户更为重要？”语调透着不信任。

“当然。”医生使她放心。“要安窗玻璃，谁都行。我找一个干零碎活儿的，准没有问题。”

病人好像立刻松了一口气。这次医生拉住她的手，她没有抵抗。“来吧，我们坐在长沙发上，”大夫建议道，“我要好好看看你的手。看看它破了没有。”

她们转过身来，朝长沙发走去，经过那落在地毯上的手提包，经过从手提包里掉出来的各种纸张、画笔。刚才病人跳起身，把手提包掉在地下的时候，她是何等暴怒啊。但现在，恐惧和愤怒都烟消云散了。

西碧尔本来一直坐在写字台前面，总是与大夫保持一个安全的距离。但这次西碧尔贴着大夫坐在长沙发上，甚至在大夫说了“没有伤”以后也没有把手从大夫的掌心中抽出来。

可是她的心情又一次发生变化。

“有血。”病人道。

“没有血，”大夫答道，“你没有受伤。”

“储藏草料的顶棚上有血，”病人解释道，“汤米·埃瓦尔德死了。我在场。”

“你在场？”大夫问了一句。

“是的，我在场，在场。”

“顶棚在哪里？”

“在威洛·科纳斯。”

“你以前在威洛·科纳斯住过？”

“我现在就住在那里，”她纠正大夫问话中的错误，“谁都知道我现在住在威洛·科纳斯。”

西碧尔以前从不这样说。大夫所认识的西碧尔也干不出刚才这位病人所干的事。西碧尔还在重温那顶棚上发生的事，而大夫心里却渐渐涌上一种神秘而可怕的感觉。

自从病人从椅子上跳起身来的时候起，这种感觉就开始了。西碧尔的话愈多，这种感觉就愈甚。

“我的朋友雷切尔跟我一起坐在顶棚上，”西碧尔滔滔不绝，“还有另外几个孩子。汤米说：‘我们一起往下跳进牲口棚吧。’我们跳了。有个孩子碰到了现金收入记录机，那儿正好有一支枪，就走火了。我走回去一看，汤米躺在那儿，死了，一颗子弹打穿了心脏。别的孩子全跑了。只有雷切尔和我没有跑。她去找奎诺奈斯医生。我跟汤米留在那里。奎诺奈斯医生来了，叫我们回家。我们没有走。我们帮助他挪开枪，用毯子把汤米盖好。汤米只有10岁。”

“你们俩真是勇敢的小女孩。”威尔伯医生道。

“我知道汤米死了，”娃娃腔还在继续，“我明白。真的。我待在那儿是因为我觉得把汤米留在那里一个人躺着不好。”

“告诉我，”医生问道，“你现在在哪儿呢？”

“有血，”这是回答。“我看见血了，血和死亡。我知道什么叫死亡了。真的。”

“别再去想什么血了，”大夫说道。“你愈想愈会悲伤的。”

“如果我悲伤的话，你关心吗？”又是那种好奇的、不信任的表情。

“我非常关心。”医生答道。

“你不是骗我吧？”

“我干吗要骗你？”

“好多人骗我呢。”

受骗上当的感觉，愤怒、恐惧、对人们极度的不信任，悲痛地深信自己还不如一扇窗户重要。在这一小时中表现出来的这些感情和想法，是内心极度紊乱的症状。在病人受尽折磨的心灵中，就像污井中沉渣泛起一样，一切都浮到表面来了。

从病人冲到窗前开始，医生不仅注意到她的行为与以往有异，而且她的外形和嗓音也有所不同。她好像缩小了。西碧尔在站着的时候总是尽量挺身，因为她觉得自己身材较小，而又不愿让人感到这一点。可是现在她好像缩成原状、恢复原来的大小了。

嗓音也不一样，像娃娃说话，不像西碧尔。但这种小女孩的嗓子居然用妇女的词句痛斥男人：“男人全都一个样。就是无法相信他们。”西碧尔，这位追求尽善尽美的中学教员，这位严格的语法学家，绝不会用一个不合标准的字：“就”。

医生有一个明确的印象：她现在打交道的是一个比西碧尔年轻的人。但那对男人的一通臭骂呢？医生有一点吃不准。这时，她原来已不敢去想的问题突然冲口而出：“你是谁？”

“你能说说我和她有什么区别吗？”她一面说着，一面摇着脑袋，“我是佩吉。”

医生没有搭腔，于是佩吉说下去：“我们外表不一样。你可以看出来的。可以的。”

医生问她的姓，佩吉的回答很轻率：“我用多塞特这个姓，有时用鲍德温这个姓。实际上，我的全名是佩吉·鲍德温。”

“把你的情况跟我讲讲，好吗？”医生建议道。

“好，”佩吉同意，“你想知道我绘画的情况吗？我喜欢画黑白画。我用炭笔和铅笔素描。我的画没有西碧尔的多，也没有她的好。”

医生沉默了一会儿才提问：“那么，谁是西碧尔呢？”

医生等候着回答。于是佩吉答道：“西碧尔？噢，她是另外一个姑娘。”

“我明白了，”医生又问道，“你住哪儿呢？”

“我跟西碧尔一起住，可是我家在威洛·科纳斯，我已告诉过你了。”

“多塞特夫人是你的母亲吗？”医生问道。

“不，不是！”佩吉向后一缩，靠在小枕头上直哆嗦。“多塞特夫人不是我母亲！”

“没有什么，”医生叫她放心，“我只是问问。”

突然间，佩吉离开长沙发，像不久前冲向窗户的那种蜘蛛样的迅速动作，朝房间另一头移去。医生紧跟在后面。可是佩吉不见了。坐在那张红木小椅上，贴近写字台的，是中学教员西碧尔。这次医生一眼就看出来了。

“我的手提包怎么掉到地板上去了？”西碧尔嘟哝道。她俯身向前，耐心地捡着从手提包里散落的东西。“是我干的，是吧？”她又指向窗户，“我来赔，我赔，我赔。”最后，她耳语般轻声问道：“信呢？”

“你撕了，扔进纸篓了。”医生故意直言不讳。

“我？”西碧尔问道。

“你。”医生答道，“我们谈谈刚才的事吧。”

“有什么好说的？”西碧尔压低嗓门。她把信撕了，窗玻璃打碎了，可是她不知道什么时候、怎样和为什么这样干的。她伸手到纸篓去捡碎纸片。

这段故事中，西碧尔·伊莎贝尔·多塞特的身体中出现了不同的自己，一个自称“佩吉”的人。而实际上，我们可以看出，佩吉有两个：一个是发火的、砸玻璃的佩吉；另一个是胆小的、软弱的、对心理医生很依赖的小女孩佩吉。

在这本书中，心理学家发现女主人公有 17 个“自我”，分别是：

（1）西碧尔·伊莎贝尔·多塞特，一个性格干瘪的人，醒着的自我。

（2）维多利亚·安托万内特·沙鲁，小名维基，一个自信的、世故的而又动人的金发女郎。

（3）佩吉·卢·鲍德温，一位热心的、武断的、常常发脾气的小鬼，长着狮子鼻，留短发，一副调皮的笑容。

（4）佩吉·安·鲍德温，佩吉·卢的副本，外表相似，老是怕这怕那。

（5）玛丽·露李达·桑德斯·多塞特，一个沉思的、富有母性的、恋家的人，比较矮胖，一头深褐色长发，靠一边偏分。

（6）西娜 • 林恩 • 多塞特，有时也姓鲍德温，一位作家和画家，极易激动，脸呈盾形，长着灰色的眼睛和靠一边偏分的褐发。

（7）瓦妮莎 • 盖尔 • 多塞特，有强烈的戏剧观念，极有吸引力，长着高高的红发、苗条的身躯、浅褐色的眼睛和富有表情的椭圆脸。

（8）迈克 • 多塞待，西碧尔两个男性化身之一：一个木工和建筑工，长着深色的皮肤、黑发、褐色的眼睛。

（9）锡德 • 多塞特，西碧尔两个男性化身之一：一个木工和修理工，皮肤白皙，黑发碧眼。

（10）南希 • 卢 • 安 • 鲍德温，把政治当作圣经预言的实现而对之深感兴趣，十分害怕罗马天主教徒，有自杀倾向，长相与两个佩吉相似。

（11）西碧尔 • 安 • 多塞特，无精打采，到了神经衰弱的地步，苍白，胆怯，长着灰金色头发、椭圆脸和直直的鼻子。

（12）鲁西 • 多塞特，一个婴儿，一个未充分发育的自我。

（13）克拉拉 • 多塞特，虔信宗教，对醒着的西碧尔甚为不满。

（14）海伦 • 多塞特，非常胆小但想达到目的的劲头不小，长着浅褐色头发和眼睛，直鼻薄唇。

（15）玛乔里 • 多塞特，安详、富有活力、很易发笑；一个逗乐的人，身材娇小，皮肤白皙，鼻子扁平。

（16）金发女郎，无名无姓，一个永恒的青年，长着金色的卷发，说话轻快、活泼。

（17）新的西碧尔，第 17 个自我，其余 16 位自我的混合物。

按我的看法，她应该是发现了 16 个自我，而第 17 个自我只是所有这些自我总和后的整体，就仿佛 16 个人组成一个班，这个班的总体的样子就是第 17 个自我的样子。

No. 2　你知道吗？人人都是多重人格

作为一种心理障碍，多重人格的自我分裂是自发而被动的。其实，每个正常人也有多个人格侧面，我们可以主动地把人格“分裂”为十几甚至几十个不同的自己（子人格）。

我之所以要引用西碧尔的故事，是因为它和我所做的事情关系非常大。这本书研究的是一个特殊的人，一个“多重人格”的患者。当我们看到西碧尔奇特的行为表现时，我们会很好奇，竟然还有这样的人，这样的事情。而我将告诉大家的是，实际上这样的人并不少见，这样的事情更没有什么奇怪。我要告诉大家的是，像西碧尔一样，我们每一个人心中，都存在着许多个不同的自我，只要用一种极为简单的方法，我们可以让每一个人发现自己心中的这些“自我”，可以让每一个人和这些潜藏的“自己”对话、交流。不过，与她不同的是，西碧尔的人格分裂是自发的、被动的；而我们可以主动地把我们的人格分裂为十几个不同的自我，甚至几十个不同的自我。我们每一个人和西碧尔一样，都有许多个不同的“自己”。在情绪冲动的时候，也许你会做一件你平时根本不可能做的事情。事情过后，你也会觉得“这不像是我做的事情”。不是你做的，是谁呢？实际上，就是我们的“佩吉”，我们心中那些并不认识的自己。我们和西碧尔的区别只是，西碧尔的人格是自发地分裂开的，而且她没有办法把这些“子人格”结合为整体。

和我们的发现相比，西碧尔的事情真的算不了什么。如果你看完了这本书，就会很清楚地知道她对自己的发现，真的还很不彻底。

我们都有一个错觉，以为有一个东西叫作“我”，一个独立的主体是“我”，这个东西在心理上是一个不可分的整体。然而深入地进行心理学的分析就会发现，这个观点是不能成立的。“我”只是一些心理经验、一些情感和思维组合在一起形成的一个心理事物。在意识生活中，我们只承认有一个唯一的“我”，所有被感觉到的知觉、情感，以及思维都被归为“我”。但是，在潜意识中，却不是这样，有些情感和另外的情感之间非常矛盾而难于共存，则潜意识会把它分到不同的“组”里。例如，你对一个人有狂热的爱，也有强烈的恨，也许潜意识就把它们分到两个组中。爱的情感和与爱有关的知觉、思想放在一起，恨的情感和与恨有关的知觉、思想放在一起，久而久之这两组心理经验就成为两个不同的“自我”。例如，西碧尔自信的一部分性格形成了“维多利亚·安托万内特·沙鲁，小名维基：一个自信的、世故的而又动人的金发女郎”，而她另一部分胆小的性格则形成了“西碧尔·安·多塞特，无精打采，到了神经衰弱的地步；苍白，胆怯，长着灰金色头发、椭圆脸和直直的鼻子”。

多重人格是一种极端的情况，是一个人身上的各个不同的“自我”严重分隔时的表现，而在我们一般人来说，隐隐约约也可以觉察到自己身上不同的“自我”，但心理问题较少的人一定程度上可以支配他们，感觉到不同的“自我”是比较和谐的存在，不会让人格分裂得那样严重。

No.3　发现“子人格”的好方法：人格意象分解技术

“人格意象分解技术”就像汽车在被保养时，工人会把汽车拆开来修理。我常把它称为“拆人”。通过“拆人”，内心中的所有子人格才有机会被认识到。

在这本书中,就是要介绍发现这些不同“自我”的心理学技术——人格意象分解。这个心理学技术可以轻松地发现潜存于每一个人心中的不同的“自我”，或者说可以人工形成一种类似“多重人格”的状态。西碧尔的多重人格是病态的，而我们把人格意象分解后的状态则是非病态的、健康的，而且通过对人格的分解和在人格分解基础上的调整，还可以改进一个人的心理状态和人格健康程度。用一个不十分准确的比喻，西碧尔就像是一辆汽车，因为在人生道路上发生了交通事故，被撞散为十六七块。而我们的人格意象分解技术就像是汽车保养时，工人把汽车拆开修理。我有时候把人格意象分解叫作“拆人”，也是这个意思。

原来我把这个技术称为“人格主动分裂”，有些心理学家曾经给我提出意见，说这个术语不好。一提到“分裂”，很容易让我们联想到精神分裂等病态的心理；另外，在“拆人”过程中，人格并没有真的完全“分裂”开，在各个不同的自我之间，还是保有密切的联系。这个批评是有道理的，我觉得也许可以换一个术语，如叫作“子人格意象化”或者“人格组态分析”。最后我决定用“人格意象分解”。

人格意象分解是对人格全面的分析和展示，利用它，我们对一个人的人格的了解可以达到前所未有的全面、清晰和直观。在后面的章节你将看到，用这个方法对人格的分析是多么简单、多么明确。在这个过程中，你的性格的每一个侧面登场的时候，也许会比西碧尔的故事更有戏剧性——像西碧尔这样的事情，威尔伯医生也许都感到很罕见，甚至恐怖，而在我的心理咨询中，这样的事情天天都可以出现。在我心中那个傲慢的“自我”说：“有这样的一个故事：辽东的猪都是黑的，一家偶然生了一只白猪，家里人都感到特别稀奇，决定把这只‘奇猪’送到北方，可是，一出辽东，就发现很多人家里都养着白猪。西碧尔就是美国人的‘辽东猪’，如果你用人格意象分解看，就会发现家家都有这东西。”

人格意象分解不仅仅可以展示人格，帮助人们了解自己，帮助心理学家了解来访者，更是一种调节心理状态的好方法。后面将会讲解，这些不同的“自我”之间的矛盾，实际上就是一个人“内心矛盾”的根源，调解了他们的矛盾，人的内心矛盾就可以解决。而且，这些不同的“自我”是可以变化的，促使他们向好的性格转变，这个人的整体性格也就会改善。人格意象分解是心理咨询和治疗的很有效的工具。

不说别人，就是我自己经历的故事也比西碧尔的更奇特。我在做人格意象分解实验的时候，遇到的“自我”或者说“自己”中有善良如天使的，也有可怕如鬼的。各种各样不同性格的自己在我的心灵中战斗。和好、恋爱……仿佛我的心是一个小世界，里面有一个小社会。而在这个社会中，有过许多惊心动魄的故事发生，因为没有人指导，也没有先前的路径可以遵循，在我自我探索的时候有过千钧一发的时刻，或者是成功，或者是精神分裂。也有许多快乐，特别是某一个“自己”被改变为更勇敢的、更有爱心的新的人的时候。

但是我不打算写一个新的西碧尔故事，故事只不过可以满足人们的猎奇心理，让读者得到短暂的娱乐，这用处太有限了。就算这个故事像金子一样有价值，也不过是等于给大家一小块金子而已。《人格裂变的姑娘》就是这样一块金子。有一个广为人知的故事，一个仙人用手指一点，石头就变成了金子。他把这块金子给了一个穷人，但穷人不满足，说“我想要你能点金子的那个手指”。我能给大家的“点金子的手指”就是人格意象分解技术。通过这个方法，可以“拆开自己”，而在每一个读者的心中，都有自己的一个故事。读者可以阅读这个故事，这个故事是他生活的象征；他也可以改编这个故事，而改编了故事，也就可以改变性格和命运。

Part 02

进入心灵世界的巧妙方式：意象对话技术

No. 1 学会用心灵之眼看自己：何为意象对话

意象是有象征意义的心理图像。例如，我们用天平象征正义，用骷髅象征死亡，用玫瑰象征爱情，这些都是有象征意义的意象。“意象对话技术”是借助意象来帮助我们彻底看清自己真实的心灵世界。

要了解人格意象分解，不能不介绍另一个心理技术：意象对话。因为没有意象对话，是无法进行人格意象分解的。

先说说什么叫“意象”吧。简单讲，意象就是具有象征意义的心理图像。先拿想象中的“意象”举个例子，因为我喜欢研究想象。

想象中出现的意象，有些是写实性的。例如，一个建筑师想象出的未来房子，很多是象征性的。这些象征性的意象可以反映出那些本来没有形象的事物或者本来是另一个形象的事物。例如，当一个人说，“好像有一只小鸟在我心里唱歌”，我们当然知道不会真的有一只小鸟潜入他的心脏，但是我们知道他很高兴，小鸟唱歌这个意象可以非常恰当地表达他的喜悦。另一个人说，“好像一块石头压在我胸口”，我们知道他心情沉重。一个人说，“我的心走出了雨季，阳光亮起来了”，我们知道他从一种不良情绪中解脱了。梦几乎全是象征性意象，在梦中一个女孩被一头“独角兽”追赶，而后来独角兽变成了一个手持尖刀的男人。如果懂得如何解梦，就知道独角兽的角和男人的刀都是男性器官的象征。我们用天平象征看不见、摸不到的正义，用骷髅象征死亡，用玫瑰象征爱情，这些都是象征性的意象。

实际上，在人的潜意识中或者说深层的人格中，每一个人都极为擅长使用象征性的意象。每个人晚上都会用复杂的象征形象编制故事——梦。只不过在梦中所用的形象代表的是什么？梦者自己常常都不知道。这是一个非常重要的原理：人对自己使用的象征性意象所代表的意义未必会知道。

在清醒的时候想象，所想象出来的形象也一样有象征意义，和梦是一样的。而做想象的人也未必知道这个意义。但是，心理学家可以了解这个意义，并且通过意象做心理调节。意象对话就是一个通过意象做心理调节的方法。

例如，我让一个女生做想象，想象一座房子。她想象的房子中有一个鬼，这个鬼好像是被烧死的，浑身是白纱布，面目可怕。她吓得不敢再看了。根据我的分析，这个“鬼”的形象是一个象征性的意象，代表着她自己被欲望的火焰所煎熬，渴望得到感情的滋养，但是没有得到。我并不做解释，我只是让她做另一个想象。让她想象自己像关心一个真正的人一样关心这个想象出来的“鬼”的形象，和他说话，轻柔地为他涂抹药水……这些想象的意义是，要接受自己的情绪，关心自己内心中的这个部分。在这样做的时候，她的心理状态就会得到改善。这就是意象对话。

意象对话技术是一套可以把内心世界用意象呈现出来的心理技术，也是通过对意象调节来解决心理问题的方法。在意象对话过程中，一个人内心中的一切喜悦、忧伤、矛盾、恐惧等都可以转化为形象展现在我们面前，生动而鲜明。

意象和象征是人的一种认识方式，我们可以粗略地称之为形象思维。这是人类固有的一种原始的认识方式，也是儿童所常用的认识方式，还是我们在潜意识中和梦中仍旧使用的方式。因此，意象对话打开了我们心灵中的眼睛。

No.2 给子人格一次露脸机会：意象对话如何帮你

她想象出两个人：一个是老妇人，驼背、衰弱无力；另一个是五六岁的小女孩，一身泥，很委屈。她们都是她的子人格。老妇人代表性格中衰弱、自卑、没有勇气的侧面；小女孩代表幼稚、胆小、可怜的侧面。

既然一切心理的事物都可以用意象来表达，那么，性格特点也一样可以。

在人格意象分解中被我们称为子人格的，可以粗略地说成是“形象化的性格特质”（不过实际上不完全是。在读完这本书，就可以知道它们的区别了）。

荣格说过，“每种个别独立存在的心理内涵都会被拟人化。最好的例子莫过于疯子的幻想和所谓的降神会。只要自主心灵成分被投射出来，无形人随时会出现。这一点可以说明，通常的降神的幽灵与原始人所看到的幽灵是怎样的性质。倘若一个人为某种重要的心理内涵所投射，他便算是着魔了。换言之，他已具有创造超自然力的能力。他或她便成为一位巫师或女巫或狼人”。

我们在意象对话中就给了“无形人”一个出现的机会。如果一个人心中所包含的多数或所有无形人都出现了，就可以叫作人格意象分解。

有一次，我给一个女博士做意象对话。我让她想象一座房子，还有房子中的人和东西。她想象中出现了两个人：一个是老妇人，老态龙钟、驼背、衰弱无力；还有一个是小女孩，大概五六岁的样子，一身是泥，很可怜、很委屈。

这两个人实际上都是她，老太太代表她性格中衰弱、自卑、没有勇气的那个侧面，代表的是她认为自己“没有朝气”，感受到自己“暮气沉沉”。而那个可怜的孩子则代表她内心中幼稚、胆小、可怜的侧面，像一个浑身是泥土的小女孩，渴望着父母的爱护但是却得不到。

世界上并没有真的存在这样两个人，但是这两个意象并不是“凭空”想出来的，她们就是这个女生内心中的一部分。我把它叫作子人格。

儿童、青少年和一些处在心理困扰中的人经常会自发地想象一些虚幻的人物，这些人物也是他们内心的一部分。

在某些特别的例子中，由于心理冲突非常强烈，这样的子人格形象会变得非常明确而且独立，就形成了“多重人格”这样的怪现象。《人格裂变的姑娘》一书中的主人公就是这样，她有十几个不同的“我”，轮流占据她的身体，这些“我”各自对自己有不同的描述。这里先引其中的几个例子，让大家有一个感性的了解。同时也可以知道，形象化的子人格不是我杜撰的，而是确确实实地存在。在前一部分，这个名叫西碧尔的女子出现了一个叫作佩吉的子人格。

静坐在那里的病人，正在埋头看《纽约人》杂志。一见到大夫，她立刻站起身来，微笑着向大夫走去，热情地招呼道：“早安，威尔伯大夫。”

医生想到：这不是佩吉。佩吉不会安静地坐着，佩吉不会去读书看报，佩吉不会有这种有教养的声调，这一定是西碧尔。但西碧尔从来没有在我招呼她以前率先跟我说话，她也从来不会像现在这样出乎自然地微笑。

“你今天好吗？”医生问道。

“我很好，但西碧尔不好。她生病，无法前来，所以由我顶替。”

心理医生可以看出维基和西碧尔明显不同。

维基不仅仅是走进诊室，而且是仪态万方地入场。西碧尔总是那么局促不安，而维基的一举一动却雅致大方。她的一身衣服绚烂多彩：玫瑰色、紫色和淡青色。双排金属纽扣，长仅过膝的有裥裙，一双绿鞋更添风采。

而其他的子人格的形象又不同了：

玛乔里是一个娇小、苗条的姑娘，肤色白皙，长着一个狮子鼻。海伦，头发和眼睛都呈浅褐色，鼻子直直的，嘴唇很薄。西碧尔·安是一个瘦瘦的女孩，肤色苍白，头发灰金色，眼睛也呈灰色，卵圆脸，直鼻子。

在这三个人中，只有玛乔里比较安详。海伦老是一惊一乍。西碧尔·安整天无精打采，已到了神经衰弱的地步。

玛乔里生气勃勃，很易发笑。她什么都喜欢。茶话会、剧院，旅游、漂亮的东西，一切都爱。特别对西碧尔一见就抽身撤退的智力竞赛，她更是乐此不疲。玛乔里在表示烦恼和急躁时丝毫不加掩饰，但从不表现出发怒的样子。

“玛乔里、海伦、西碧尔·安”都是西碧尔的一部分，身体是一个身体，为什么这里的描述中玛乔里的肤色不同于西碧尔·安；海伦的头发和眼睛的颜色不同于西碧尔·安；三个人的鼻子也不相同？难道身体的特点可以随时改变？当然不可能，如果身体可以变就不是西碧尔而是妖精了。事实是，在玛乔里出现时，她自认为是娇小苗条的姑娘，肤色白皙，长着一个狮子鼻。海伦出现时，认为自己的头发和眼睛都呈浅褐色，鼻子直直的，嘴唇很薄。这些形象都是子人格在想象中看自己的样子。所谓“玛乔里出现”，实际上就是西碧尔在想象玛乔里而且自认为是玛乔里。

当然，外表也在一定程度上可以有变化。如维基的仪态不同于西碧尔，服装也不同于西碧尔。由于行为方式和姿势的不同，当维基这个子人格占据了西碧尔的时候，外人看会感觉西碧尔好像身高体重都不同了似的。

多重人格是子人格自发出现，不能自我控制，而在人格意象分解时，可以有控制地让子人格出现。不能控制时这是心理疾病，而能控制时是一种心理治疗。就像火在不能控制时是火灾，而在我们控制下则可以成为烹调和炼钢的手段。在我们的控制下，来访者被分出像西碧尔一样的许多个不同的“我”，每一个都有独特的性格、外貌和行为习惯。

No.3 意象对话让你的子人格变好

试着把某个子人格当作独立的人，进行沟通对话，了解其独特之处，从而去影响和改变它。

在人格意象分解的角度看来，一个子人格就像一个人，而每一个现实中的人都是一个小的团体，由许多个子人格或者说许多人组成。

为了更清楚，先展示一个例子：

我近期做过一个心理咨询，来访者是一个20多岁的女孩。她的相貌中上，身材中等，衣着朴素，态度平静温和（为了保密，心理咨询和治疗者在引用案例的时候，必须隐去她的姓名和一些涉及个人绝对隐私的信息，防止别人知道这个人是谁）。出于咨询需要，我对她做了人格意象分解，分出了几个子人格，肯定不是她的全部子人格。

第一个子人格叫爱若娃，女，偏老，她穿着黑衣服、带着黑头巾，善良而柔和。在描述自己的性格时，爱若娃说自己是一个孤独、被动而伤感的人。在想象中，她生活在森林中的一个小木屋中，森林很茂密，浓荫遮蔽而见不到一线阳光，有河。这个小木屋是一个尖顶的屋子，有四格的窗户。屋子里有带靠背的长条椅，像火车站的椅子那样的。爱若娃坐在椅子上一动不动。她这样说，“窗外的风景在不停地变，而屋里的一切还是老样子。我就像一块沉在水里的石头。时光像水一样在我身上流过，而我就那样静静地待着，不需要做什么，不需要害怕什么，但是总是在期望什么。盼望能有一个小孩来玩，但是没有人来过。坐得快成为雕像了。”爱若娃的眼神中都是落寞。

我问爱若娃为什么不出去？她说是因为森林大、不熟悉，怕有凶恶的动物。

第二个子人格叫银铃公主或响铃公主，是一个十七八岁的活泼的女孩。她也是在森林中，但是她所在的森林不太密，可以看到秋天纯净明朗的天空。她穿着白色和浅粉色的纱裙，身边有一只小鹿，她正在和小鹿赛跑。整个情景像童话。银铃公主最喜欢的事情就是在原野中和动物玩、笑。她最讨厌的事情是被关在家里。

第三个子人格叫萨仁达娃，是一个藏族姑娘，皮肤黑黑的。梳着长辫子，笑得很灿烂。她想象中的背景是在一个西藏的赛马会上。高原的天空干净明亮。周围有很多人在说笑，还有帐子和经幡。萨仁达娃正在唱歌。她的手放在脸颊旁，仿佛要用手把歌声送出去。她的衣服袖子一个白、一个蓝，有彩色花边的腰带、带花帽子。她的性格开朗、不拘小节、粗犷，喜欢骑马、唱歌。

还有一个子人格是妞妞，是一个十二三岁的小女孩。短头发、总是一副很不乐意的样子，总爱梗着脖子说不。她很倔强，最爱和人反着来，在熟人和能容忍她的人面前，尤其如此。从来不肯听话。

小妞是妞妞更小的时候的样子，七八岁，任性、馋嘴。小妞回想到一个印象深刻的情景：是过年的时候，别人还没有来，她一个人在偷吃。妈妈在一旁说她，表面生气，但是小妞知道实际上妈妈并不太生气。

另外有三个子人格是一组，相互很类似。

枫，二十二三岁的女孩，齐耳头发，白色上衣、白袖圆领、牛仔裤，她的惯用语是“不是这样的”。枫是一个办公室职员，拿着文件，严肃，一本正经。她的性格很认真、很直。最讨厌那些绕来绕去的人，讨厌虚伪的人。

蓝，年纪和枫相近，发型和衣服也和枫相似。但是枫更胆大、开朗，而蓝则内向一些。给她印象比较深的是过去的一个情景：一次，公司派她去一个产品展示会。展台不是她所在的公司租的，是另外一个公司租的。那个公司和她的公司有业务关系，所以送了一个位置。她的公司只有她一个人去，而另外的那个公司有好几个人。中午吃饭的时候，别人在一起，她独自在另一边，感觉有些别扭，也想和别人说说话，但是又怕没有人呼应太尴尬，就没有说。

云，女性，年纪和枫相近，穿白色牛仔裤，黑色包，两手插在口袋中。风吹着她的头发飘起来。她眼中是冷漠的表情，眼睛看的不是眼前的世界，而是天空深处。她走在大街上，大街上许多人，阳光很明亮。人流如水从身边流过。她感到这些人虽然在她身边，但是和她没有关系。她说她在人群中显得很高，就像一根竖立在水中的高高的木棍。

除了这一组人，还有另外两个子人格出现了。

水虹，30 岁左右的江南少妇。秀气、齐耳短发、不爱笑。低眉顺眼、看人时眼睛里有淡淡的忧伤或像在说什么。她的穿着很朴素，小碎花的衣服、黑布鞋，人很有书卷气。她表面温柔，但很实际、很有主见。她喜欢艺术、舞蹈，不喜欢招摇。她天生是属于江南的，属于水、小桥和粉墙青瓦的房子。

胡杨，女，背着包走在沙漠中，走向太阳。她在低着头走，觉得走到太阳那儿就有希望了。她很累，但并不难过。因为她很坚强。

我所见到的那个女孩，就是这些人的总和。

可以把每个子人格的意象当作一个独立的自己，我们可以和他交往，了解他独有的心理，可以影响他。而这里使用的方法就是意象对话，也就是心理咨询师和来访者交流各自的想象。我可以在某一次心理咨询中和爱若娃这个意象或者说子人格交流，仿佛我面前的来访者就是爱若娃，我体会她的孤独，理解她的忧伤，帮助她快乐起来。借助意象对话，我可以让爱若娃走出房子，到森林外看看……我也可以让孤傲的云交一个（想象中的）朋友。

通过这个活动，子人格的特点可以被改变，而来访者的整个人也随之改变了。

从古至今，大家都可以看到月亮。但是，只是在望远镜发明后，人们对月亮的了解才丰富起来。意象对话就仿佛望远镜，有了它，就可以从容地进行人格意象分解，从而使我们对人的内心世界的了解丰富起来。

Part 03

神奇的“拆人”术：

“人格意象分解技术”如何工作

No.1 开始“拆人”：引导和记录子人格

在做人格意象分解时，我们发现了一个有趣的现象：在想象出了一定以“人”形象呈现的子人格后，就会自发出现一些动物或鬼神、菩萨的形象。

“拆人”是一个很简单的事情，最早我们使用的方法是这样的：

先简单介绍一些人格意象分解，引起来访者的兴趣。告诉来访者我们引出的子人格将表现为一个想象出的形象，如一个人的形象，这个形象也许是男，也许是女，也许是老，也许是少。如果来访者有一些担心和疑问，可以适当做一些解释，消除他的顾虑。例如，有的人担心自己的想象力差，想象不出来。我们可以告诉他：根据我们的经验，任何一个人都可以想象出这些子人格。有的人担心自己想象出来的形象“不正确”“是脑子里想的而不是自发想象出来的”，我们就告诉他这也没有关系。

让来访者舒适地坐好，有时也可以让他们躺在床上。周围的环境最好比较安静，光线不要太强烈，这样来访者不容易分心或被干扰。

然后，说指导语：“每个人都有内心冲突、内心矛盾的体验。有时你会觉得你好像有几个不同的‘我’，他们经常会有冲突、矛盾。这些互相矛盾的成分我们称作‘子人格’，只要放松地去体验，每个人都会有许多的‘子人格’。好，现在你舒适地坐好，闭上眼睛，放松，轻声地问自己‘我有什么子人格’。然后，你只是安静地等待，不要刻意去想，放松你的意识，等待他们的形象在你眼前自然地出现。对出现的人格成分你也不要评判，他们都是你人格中的一部分，没有好坏、优劣。”

然后，就可以等待了，来访者会想象到各个不同的子人格的形象。仿佛逐渐展开一幅画卷，一个个人物的形象将展现在我们面前。

在做人格意象分解的时候，我们发现了一个很有趣的现象。在想出了一定量的人的形象后，就会自发出现一些动物的形象，或者鬼神、菩萨的形象，在个别时候还会出现作为人格一部分的植物甚至矿物的形象。

这不是我们有意诱发的，完全是自发的，而且，几乎所有的来访者都会出现这个情况。往往是在十几个人物出现之后，来访者突然说“哎，怎么我现在眼前出现的不是人的形象，是一匹马（或者其他动物），这是怎么回事？”

在这个时候，心理学家应该从容地说：“是的，都会出现动物的，你出现的是什么动物？”

来访者想象中出现的动物，都是“拟人化”的。也就是说，都有人的某种性格，会说人的语言，甚至形象也类似人。就像中国神话中的孙悟空（猴子）、牛魔王一样，是两脚走路的，会说话的动物；或者说像童话故事中的那些拟人化的动物。

想象中的鬼神、菩萨，自然也是有性格，会人类语言的。

植物或者矿物或者其他东西，如果只是在背景中出现，例如，想象美女时，头上有花朵，手里有宝石戒指。这时它们不是人格的一部分。而在另外的一些时候，来访者明确地感觉到，植物或者矿物是人格的一部分，是有生命的。

例如，我曾经有一个子人格是“会生长的绿水晶”，（想象中）我把它种在花盆中，它就像植物一样长大。

在这些人物/非人物被想象出来以后，我们可以从各个方面记录他们的特点，仿佛追星族为自己的明星建立的小档案。我们习惯的是记录以下几个方面。

（1）姓名：我们告诉来访者，每个子人格都要为不同的自己起名字。让我们以后可以分辨他，单独和他交流。我们要求来访者把自己“投入到这个子人格中”，想象自己就是这个子人格，然后，我问他：“请告诉我，你叫什么名字。”并让来访者等待脑子中浮现出来的名字，说出来。

在“起名字”这一步要注意，如果来访者没有把自己“投入到子人格中”，他为这个子人格取的名字是不同的。在没有投入的情况下，往往是另一个占主导地位的人格或其他人格说出了一个名字。在投入的情况下，才是这个子人格为自己取名。我们要时刻明白，这个人是一群子人格的集合，仿佛是许多人。就像学校中，同学间会起外号一样，别的人格也会给这个人格起外号。这个外号常常是滑稽可笑或轻视性的。例如，有一个来访者在咨询中出现了一个形象，我问："叫什么名字？"来访者说："他叫傻牛"。我感觉不太对，因为子人格很少会为自己取一个很难听的名字，于是我问："这是他自己起的名字吗？请你投入这个子人格中，想象他自己说出自己的名字。你叫什么？"稍等了一会儿，来访者说："他叫'极限'，因为他喜欢工作，希望自己的成绩达到自己的极限。"而把"极限"称为"傻牛"的是他的另一个子人格，那个子人格崇尚的是轻松随意的生活，他认为"极限"是一个愚蠢的工作狂。

我们要记录的，是这个子人格自己说出来的名字。

子人格的名字有的很像生活中的人名，如"王强""李丽"；有的是表明这个子人格性格特点的，如"极限""怀疑者""愤怒"；还有的是一种职业或一类人物的名字，如"强盗""黑社会老大""店小二""八旗子弟"；也有的是古人或者小说中的人物名字，如"项羽""潘金莲""牛二""武大郎"。

动物或者鬼神不一定需要另外有一个名字，狗就叫狗、虎就叫虎也是可以的。但是，有时它们也可以有一个名字，如小狗"贝贝"、小猫"咪咪"。

（2）性别：子人格有男有女，要记录下性别。

（3）年龄：来访者也许会估计这个形象的大概年龄，也可能清楚地说出他的具体年龄。

（4）外表和服饰：这一点很重要。特别是要记录下服饰的样式、颜色。服装的颜色是很关键的资料。假如出现的是动物，也要问这个动物的颜色。有时，动物的颜色和自然中这个动物的颜色不符合。例如，出现了红色的猫，这也没有关系。记下来就是了。

（5）性格：这是最重要的。不妨让来访者多说说。记录的时候务必注意，要原封不动地使用来访者所说的词语，不要有所改变。例如，来访者用了“温和”这个词，千万不要记录为“温柔”。因为用词的微小差异可能就会导致理解的错误。

（6）喜欢什么：这是为了更深入了解这个子人格的性格。

（7）讨厌什么：也是为了加深对子人格的理解。

（8）其他：在最后，记录其他有用的资料。对每个子人格都做这样的记录，我们就有了一个对子人格的基本了解。当动物等都出现过了，估计不再有新的子人格会出现时，就可以结束了。

在结束前，我们可以做一次提示：“再过 5 分钟我们就结束，你问一问，还有别人吗？”这样的催促，可以把那些潜藏的子人格唤起。甚至可以这样对那些还没有出现的子人格说：“只有 5 分钟了，如果你不出现，就没有机会了。”这样，那些子人格也会急忙“登场”。因为一个人的子人格很多，做一次完整的人格意象分解，需要的时间比较长，大致是有 2 ~ 4 个小时。有的还需要更多的时间。

No.2 让子人格登场：邀请和识别的关键点

让子人格成功露面的关键是放松。要减少心理抗拒，并敏锐地识别子人格的出现。

成功的关键是被试者要放松。放松与否和来访者的心理抗拒大小有关。心理学把这种心理抗拒的现象叫作阻抗，有时是潜意识的，来访者自己也无法控制。而阻抗越大，放松程度就越差，子人格出现得就越慢。从说完指导语到第一个子人格的出现，这个等待时间的长短反映着来访者阻抗的大小。这个时间因来访者阻抗的不同而长短不一，短可以短到几秒钟，长可以超过 10 分钟。在等待时间比较长的情况下，来访者有可能会不耐烦、怀疑，这就需要心理学家的耐心和坚持。我们可以这样对来访者说："放松你的意识，轻声问自己，'我有什么子人格？'然后只是等待。"也可以有针对性地消除来访者的顾虑和担心。

在第一个子人格出现后，其他子人格也会随即出现。有时，连续出现几个子人格后，来访者会说："没有其他的了。"这往往不是真的没有其他子人格了，而只是这一组子人格出现完了，其他的子人格还在潜意识中。这时，就要告诉来访者说："继续等待，继续问自己'我还有什么子人格？'"这样，再等待一会儿，新的子人格就会出现。

有时，来访者看到了子人格的形象，但是他却不报告出来。这也许是羞涩，也许有其他原因，特别是这个子人格的样子不好，他就更不愿意说。我们可以从一些迹象上观察他是不是脑海中有一个形象出现了。方法之一就是看眼动。当子人格出现时，都伴有明显的快速眼动，我们可以隔着眼皮看到来访者的眼球在运动。还有一个迹象就是来访者面带笑容，笑是一种防御方式，是因为来访者很轻微的、有隐藏的意象。这时，心理学家可以及时询问："我知道你现在看到了一个形象，告诉我，是一个什么样子的人？"来访者就会把这个形象说出来。

在人格意象分解的过程中，心理学家不被动地等待来访者自己找到各个意象，他也可以做启发的工作。例如，在来访者表达时，突然声调表情有所变化，心理学家就要及时询问："现在是谁在说话？我发现现在说话的你不是刚才的子人格。”

当一个子人格出现的时候，来访者也许会自发对这个人格做一些评论。例如，出现了一个“开放的女子”后，女来访者说：“我不喜欢这个女子，太放荡了。”心理学家就可以及时问：“是谁觉得她放荡？说她放荡的这个子人格是谁？”这样就可以帮助来访者找到那个子人格。来访者也许会回答说：“不喜欢这个子人格的是我，是这个整体的我。”心理学家不可以接来访者的话，而应该这样回答：“现在没有什么整体的你，所有的话都是某一个子人格说的，那么，这样说的是谁？是哪个子人格？”

来访者表述出来的子人格是比较单纯的，一个子人格只有一个基本性格。如果来访者在说这个子人格的时候，说出了两种性格特点，或者说他有时如何，其他时候是另外的样子，这表明他没有把子人格“提纯”，这个子人格是两个或者更多个子人格混杂起来形成的。我们要分开缠杂，要求他把这个子人格分开，分为两个或更多个子人格。

对来访者来说，做人格意象分解一般都是一个自我释放的过程，是很愉快的。特别是那些平时被压抑的子人格出现时，来访者明显感到浑身舒畅，有力量感。因为这个过程本身就是在消除对这个子人格的压抑，这样，这些子人格的心理能量也就释放出来了。

No.3 子人格出现的信号：你会被 TA“占据”

当某个子人格露面时，我们的表情、声调、身体姿势都会发生明显改变。

子人格出现的时间规律是这样的：

往往是开始出现时由慢到快，即顺序出现的两个子人格间的时间间隔基本呈递减形态。中间会有一个子人格的密集区，几个子人格会一起向外涌。这里所说的一起向外涌，并不是说他们是完全同时出现，只是说这几个子人格的出现时间间隔非常短，一个接一个。有的时候，一对子人格是可以完全同时出现的。

接下来出现的各子人格又会有一个较长的间隔时间。

所以说，在出现的时间上，子人格是一批一批地出现的。

从子人格的内容看，先出现的子人格往往与被试者生活中表现出来的性格的积极的一面有关。这里显然有阻抗的因素在里面。来访者不愿意暴露自己不足的一面，所以那一面在一开始不会出现。

子人格往往成对出现，如一种人格特质以男性、女性两个子人格出现；相对的两个人格特质顺序出现，如"懒惰的人"和"工作狂"。再如，出现"老百姓夫妻"时，就是夫妻同时出现。还有，我遇到过"姐妹"同时出现，"兄弟"同时出现，或者"黑无常"和"白无常"也可以同时出现，或者，"侠客"和"他的马"同时出现。

一般来说，子人格数量均在 15 ~ 40 个之间。目前我遇到的最多的一例有 60 多个子人格。

最后出现的往往是若干动物形象，或者神话人物的形象等。

我考察的所有来访者出现的子人格均有男有女。也就是说，所有来访者的子人格中都有异性的人格，但是在异性子人格的比例大小上，两性差别明显。孙新兰在她的博士论文的研究中，用 40 个被试者做实验，结果发现男性的子人格中，女性的子人格占总数的 20.3%；而在女性的子人格中，男性的子人格占总数的 24.6%，差异显著。

各子人格间年龄跨度很大。一个青年人的子人格中，既会有七八十岁的老人，也会有三五岁的小孩。但是，我还没有发现小于 3 岁的。在孙新兰博士的同一个研究中，男性的子人格年龄平均跨度是男性 16.7 岁，女性的子人格年龄平均跨度是 22.4 岁。

这个研究还发现，形象的鲜明程度人各不同，两性间并无明显差异。

某个子人格充分表达时，来访者的表情、声调、身体姿势都会发生明显的改变，变得和这个子人格的性格一致。如果来访者说到的子人格是一个宁静的少女，此人的表情就会像少女一样恬静，声调也比较温和。如果是男性，他说话的声音还是男性的声音，但是会很柔和。身体的姿势也比较收敛。如果来访者正在说的人格是“烈火”，此人的声音比较洪亮，表情张扬，身体姿势也会很开放，甚至表情声调的改变也会很大。

有经验的心理学家可以很容易地通过来访者表情、声调和姿势的变化，看出子人格的交替。在来访者投入于某一个子人格的时候，神态的差异很大，我们甚至会感觉他的相貌都有所不同。也就是说，同样表现快乐，虽然发生在同一个来访者身上，在他的“静静”子人格笑的时候，和“高欢”笑的时候，样子是不同的。“静静”即使是高声笑，也一样显得文静；而本性爽朗的“高欢”即使是小声笑，也让人感觉到他的爽快。如果心理学家为来访者做过人格意象分解，在第二次或者以后的时候再做，他甚至可以识别出在现场的是哪个子人格。

不仅表情、声调或身体姿势会变化，不同子人格在场时，写字的笔迹、画画的风格、说话的用词、穿衣服的偏好等都会有很大的不同。

No. 4 “拆人”法变式：用不同场景唤出子人格

“房子”是人内心世界的象征，房中的人就是子人格。我们可以想象走入一所房子，看看房中都有谁。

法无定法，也可以用稍加变化的方法来“拆人”。例如，可以在简单介绍了人格意象分解后，要求来访者想象一座大房子。然后，心理学家这样说：“在这个房子中会出现一些人的形象，这些人实际上都是你，是你人格的不同部分。你静静地等待，看这个房子里会出现些什么人？”

意象对话技术证明房子是人的内心世界的象征，房子里的人也就是他心中的子人格。

这样做时，子人格的形象就会逐个出现。有的时候，在房子中先看到几个人，然后，来访者会看到有其他的人从外面走进来。

这个方法有一个好处，就是根据各个子人格在房子中出现的位置，可以对这个子人格有更多的了解。位居中央的也许是一个占主导地位的人格；在角落的也许是一个害羞的人，也许是一个喜欢独处的人。还有，这些人在做什么也表现得更多。例如，一个人正在收拾家，另一个人正在看书……

有时,来访者会自己走出这个房子,看看在房子外边有些什么人。这些人一般来说也是他的子人格。

还有一个变式是，要求来访者想象一条路，这些子人格逐个在路上走过来。

也可以不强调意象，而是让来访者直接从自我分析开始。

有的来访者会自发地从意象开始，而另外一些也许会从自我分析开始：“我觉得我的主导人格是一个开朗、活泼的人，什么事情都不往心里去，很乐观，外向……当然也有不同的侧面，有的时候我是一个喜欢沉思的人，一个思想者，喜欢想理论性的问题，不切实际……当然，我也有很实际的一面，很功利。不过，一般人看不到我的这一面，一般人都觉得我是大大咧咧的人……”

这样做的过程中，绝大多数人都会逐渐转入形象化的描述，然后就和上面的方法靠近了。

“这个大大咧咧的我，好像总是在前面折腾，而实际的、功利的我，在后面静静地看着，像一个政客的样子，胸有成竹地微笑着……”从自我分析开始做，不一定需要像上面说的那样记录“姓名、年龄”等要素，你可以简单记录各个子人格的性格。

因为要一次完成人格意象分解，需要的时间比较长。一般来说，做心理咨询的时间是以一个小时为一次的。那么，在一次咨询中，是不可能做完完整的人格意象分解的。我们可以延长时间，把一次咨询的时间延长到 2 ~ 3 小时。这样的好处是，可以连贯地做完整个人格的分解。但是，这样做也有一些不利之处。有时，来访者和心理学家都会感到疲劳。那么，也可以不一次做完。一次找到部分子人格后，就先停止。以后，再接着找其他子人格。有时，找到部分子人格，解决了这部分子人格的矛盾，来访者的心理障碍的症状就消除了。这样，也就不需要再分析寻找其他子人格。不一定非完成一个完整的人格意象分解不可，不必找出所有的子人格。

我们说过，子人格是一批批出现的。如果要分几次做人格分解，停止的时机就是在某一批人格出现了，下一批出现的间隔期。还有，最好在一个性格比较积极的、乐观的、开朗的子人格出现后停止，也就是“停止在好子人格上，而不要停止在坏子人格上”。停止在好的子人格上，结束后，来访者会有比较好的情绪，而且在这一次心理咨询和下一次心理咨询之间的这一段时间，这个子人格的特质会比较多地出现在这个人身上。反之，如果停止在一个抑郁的或者火气大的子人格上，在心理咨询结束的时刻，来访者是在一个很差的情绪中，这对心理咨询是不利的；而且在下次咨询前的这一段时间，来访者的心情会一直处在较差的状态中。

No.5 子人格的演变与重组：自我的“凤凰涅槃”

某个子人格的“死亡”意味着某种人格特质发生了质的改变，不再适合用过去的形象。

子人格不是固定不变的，在心理咨询中，它们也会发生变化。有些子人格会加强，有些会减弱，有些会消失或者死去，而另外的一些会新生。

新生的子人格往往是和消失的子人格有关系的，是某个旧子人格演变的结果，或者是两个甚至几个旧子人格结合的结果。

加强和减弱是很容易理解的，这意味着这个子人格所代表的某种特质被强化或削弱。

某个子人格的消失或者意味着心理发生了更大的变化，意味着某种特质发生了质的改变，以至于不再适合用过去的那个形象来做象征。

有一个很简单的例子，来访者的一个子人格本来是“虫子”，象征着他的自卑。而经过一段时间的心理咨询，他的自卑大大减少，于是新的人格意象分解中，他发现“虫子”不见了。

而同时，新生了一个子人格“蝴蝶”。

在象征意义上，“虫子”往往代表自卑、烦恼、丑陋和没有力量；蝴蝶象征自由、美丽、快乐，有时候也代表死亡，因为翩翩起舞的它很适合用来比喻一个人的某个自己。

如果仔细观察，会发现消失的子人格和新生的子人格之间实际上有“继承”关系，仿佛是一种“转世”。虫子转变为蝴蝶。蝴蝶不再为自己的丑陋而自卑，相反它为自己的美丽而骄傲，它们之间特质仿佛是不同的，但却都是和“自我评价”有关的。蝴蝶虽然不自卑，但是和虫子一样心理力量不大。蝴蝶所象征的意义中，也包含“死”，也就是说，自杀的潜意识冲动依然存在，即使如此，虫子转变为蝴蝶也是很令人高兴的，作为蝴蝶，他的生活比虫子要幸福多了。

这个例子中是虫子变蝴蝶刚巧符合生物学的规律，蝴蝶的幼虫就是虫子。不过，在人格意象分解中其他的子人格演变大多不符合生物学规律。

例如，鱼消失了，而龙出现了；羊消失了，而大象出现了。这不符合生物学，生物学中一个物种不会变成另一个物种。而且，龙这样的物种根本就没有被见到过。

再如，锦鸡变成了一个风情十足的女人，蛇和鹿结合变成了麒麟，这也是生物学中不可能出现的，但是在人格意象分解中是很正常的。

锦鸡本来就是美丽、炫耀自己等心理特质的象征，而风情的女人也一样具有美丽好炫耀的特点，在心理象征的内容上，她们本来差异就不大。麒麟象征着既温和又有直觉智慧，鹿是最温和的动物，蛇是最有直觉的动物，所以蛇和鹿结合成为麒麟是很自然的事情。

这本来就不是生物学问题，是心理演变。子人格的演变，象征的是性格特质的改变。心理咨询所做的事情，就是促进来访者子人格向好的方面转变。

第 2 篇

看看自己的内心

Part 04

看清心灵世界“人际场”：子人格互动状态

在做人格意象分解的时候，我们把每一个子人格当一个独立的人看待。如果加上动物和“鬼神”，可以说是把每一个子人格当作一个基本独立的自己。那么，每一个人的身体中，有 15 ~ 40 个左右的“自己”，或者说有很多的“人”。

既然有这些人，必然就会有人际关系。而实际上，子人格之间也确实是有“人际关系”。各个子人格之间的关系可以分为 4 类：不认识、认识但是不关心、认识但是不喜欢、认识而且喜欢。

在做人格意象分解的时候，可以直接问那些被分出来的子人格，问他是不是认识其他的某一个子人格，问他喜不喜欢那个子人格。这样就可以了解这些子人格之间的关系了。

No. 1 增进对自己的了解：让不相识的子人格彼此认识

一个子人格不认识另一个，代表内心的“隔离”。帮助子人格相互认识，意味着增加了对自己的了解。

一个子人格不认识另一个子人格，主要代表一种自我内部的隔离。我相信这和来访者使用了“隔离”的心理防御机制有关。

相互很矛盾的人格之间，容易互不认识。例如，一个人有极为喜欢豪奢慷慨的子人格，还有一个非常吝啬的子人格。来访者在日常生活中认同前者，不认同后者。他的豪奢子人格不认识吝啬的子人格，这样，隔离形成了。隔离的好处是来访者在日常生活中可以感觉到自己的一致性，“我就是一个大方的人”。他意识不到自己吝啬的行为，也就避免了自我知觉的混乱。如果没有这隔离，他也许就会很迷惑，“我究竟是一个大方的人还是一个吝啬的人？”

虽然他意识不到后者的存在，但是在行为中却时常会表现这个侧面，而他身边的人可以观察到这个侧面的存在。于是，身边的人也许会觉得这个人很虚伪。别人也许会说：“他明明是很好色的。你看，只要有一个女人在场，他就兴高采烈，对那个女人色迷迷地看。可是他却说自己是一个一点也不好色的人，真虚伪。”而他很委屈地想：“我明明没有好色之心，大家却认为我虚伪，真是荒唐。”这样的例子，在生活中比比皆是。

后面会提到“相互冲突的子人格”，表现和“相互不认识的子人格”有些相似。实际上冲突久了，就可以转化为“相互不认识的子人格”。就像夫妻吵架久了，干脆谁都懒得吵了，互相不理睬，以后会离婚，会相互陌生，就好像相互不认识一样。

隔离经常是因为这两个子人格之间的关系不好。就像家里有两个人，一见面就吵架，后来大家吵得太烦了，于是干脆就不见面了。不见面的时间长了，两个人之间就不认识了。或者是有一个子人格一旦出现，会使大家太痛苦，于是大家就不看他了。例如，一个女孩在 15 岁的时候被强暴过，一度很痛苦。后来随着时间的推移，她渐渐忘了这件事情。在做人格意象分解的时候，有一个子人格出现了，这是一个愤怒而且狂暴的人。但是，其他人格都不认识她。这就是精神分析中的“隔离”机制的形象化的表现。

也不是所有的不相识都是因为“隔离”，还有一种情况是因为来访者的各个子人格形成的时间不同。有的子人格是儿童时形成的，这些人格也许会长大，也许不会长大。例如，一个 5 岁时形成的子人格当时的年龄是 5 岁，后来他也许在 20 年内一直没有成长。现在，我们对一个 25 岁的人做人格意象分解的时候，就会在他那里发现一个 5 岁的子人格。

有些童年形成的子人格，可能不认识以后形成的其他子人格。因为，这个 5 岁的孩子一直活在他 5 岁时的那个世界，根本没有遇到那些对他来说是“未来世界”中的人。

当然，他也可以认识以后形成的其他子人格，只要他也进入了以后的世界，和 10 岁或者 15 岁的自己做交往。

有些子人格由于性格的原因，对其他子人格不关心，所以也会不认识。

例如，有一个女孩，她有一个子人格，名叫“高傲”，是一个 30 多岁的男子形象，身材高大，穿棕色休闲西服。喜欢弹钢琴，喜欢自己，不喜欢干活。他的性格冷漠、自私、古怪，一会儿高兴，一会儿不高兴，对别人爱答不理。这个子人格对其他子人格都不理睬。这就是性格的原因，因为他高傲，轻视其他人，不屑于与其他子人格交往。

这个女孩还有一个子人格叫“安静”，是一个二十七八岁的男性，白胖，戴眼镜，很土，穿蓝色衣服。他最喜欢读书，而最不喜欢的事情就是管闲事。他也不认识其他子人格，原因在于他不关心别人的“闲事”。

她的子人格之一“爸爸”，是40多岁的男性，穿蓝色破衣服，邋遢。喜欢喝酒，性格颓废。他不认识别人是因为他没有兴趣。和这个“爸爸”一起，有一个“烦人妈妈”子人格，40多岁的女性，一脸的劳累，无精打采，穿枣红色夹克。她觉得没什么可以喜欢的，时常叹气。她也不认识别人，是因为她没有精力。虽然在生活中，爸爸肯定应该认识妈妈，但是在这里的“爸爸”和“烦人妈妈”之间也不相识。

自我隔离有它的用处，但是也显然有其损害。它的用处就是避免看到一些自己不想看的东西，它的害处是使得来访者缺少自知，内心中的能量流通受到阻碍。在意象对话心理治疗时，常常要帮助来访者的各个子人格相互认识。各个子人格相互认识了，也就意味着这个人对自己的了解增加了，意味着他敢于面对自己的不足，关心自己的内心，而这些是人心理成长的基础。

No.2 拥有好人际：让情感冷漠的子人格温暖

一个对其他子人格不太关心的子人格，代表一种对人疏离的性格。在强迫症或者强迫性格人群中比较常见。

当我们问子人格A:“你对子人格B是怎么看，你喜欢他吗？”有时会听到这样的回答：“谈不上喜欢不喜欢，我和他没有什么关系。”

这不一定说明什么。我们在生活中有一些“点头之交”，我们对他们谈不上喜欢不喜欢，子人格的“社会”中，也有这样的关系。

但是，如果有一个子人格对所有其他的子人格都是这个态度，对谁都是不关心。那这就是一个“冷漠”的子人格，代表了一种对人疏离的性格。如果他占主导，那么这个人就会离群索居。在强迫症或者强迫性格的来访者中，这样的态度也很常见。

“你对这个子人格有什么感觉？”

“没有什么感觉。”

这样的对话在我和强迫症患者之间非常常见。

有的强迫症患者的回答更是令其他人觉得匪夷所思，他们问我：“什么叫感觉？”“我应该是什么感觉？”

我们可以举的一个例子是“自信爷爷”子人格，他是一个老者，白白的头发，严肃，绷着脸。穿的是破旧的天蓝色中山装，但是衣服是干净的。他喜欢大自然，不喜欢被别人管。性格很坚强，但是很冷漠。他不满意他的生活，认为周围有很多坏人。这个子人格就是自己坐着，谁也不理。

有一个强迫症患者的子人格“老男人”，他是一个50多岁的人，过去也经历过许多事情，但是现在对什么都感到灰心了。他生活在一个旧房子里，每天的生活都只在收拾屋子、收拾报纸、收集一些小的旧东西。他不见任何人，也不认识任何人。

我们可以看出，这两个子人格都是情感冷漠的。

No.3 内心和谐：让相互冲突的子人格友好相处

生活中的“工作狂”，都有一个“追求效率”的子人格，但必定也有一个懒惰子人格。二者相互唾弃。

“认识而且不喜欢”反映了子人格之间的心理冲突。好像这些内部的“小人”在冲突。不喜欢有不同的形式：一个“小人”仇恨另一个，或者一个讨厌另一个，或者是一个轻视另一个，再或者是一个害怕另一个……

例如，在工作狂性格的人心中，必定有一个非常追求效率和成功的人格，这是他的主导人格部分。但是，他也必定有一个很懒惰的人格。效率追求者会非常轻视和讨厌懒惰者，反过来懒惰者也会嘲笑那个可笑的工作狂。

没有经历过的人，简直不可能想象得到内部这些人之间的冲突会有多么激烈。在有的人心中会有一个子人格，因为讨厌另一个“人”，会无时无刻地找机会批评、指责、嘲笑那个人，其刻薄、愤怒、冷酷极为不可思议。没有什么外在的真实的人伤害一个人，能像这种内部的自我成分伤害自己这样厉害。如果是我的老板指责我，下了班后我就可以避开这个老板；如果是老婆指责我，上班的时候就可以避开她；如果父母或老师批评指责我，至少在我睡觉的时候可以避开他们。但是，假如我自己内部的一个人批评指责我的另一个部分，那么，无论是在外在家，在白天在黑夜，在醒着的时候还是在睡梦中，这个指责的声音永不休止。你可以想象这有多么可怕。

心理疾病和障碍几乎都是因为这样的内部冲突。当我们说一个人有心理矛盾，也就是说在内部两个人格之间有矛盾。再拿常见的一种对人恐惧症来说吧，一个男孩有奇怪的心理疾病，他总认为自己的眼睛中流露出非常淫荡的光，他发现自己总是不可克制地看女性的胸部和下体的位置。他认为别人都发现了自己的眼睛有问题，都在用轻蔑的眼光看自己，在背后骂自己是“下流胚”。于是他不敢到人群中去，不敢看别人，自己躲在家里，连学校都不敢去。他的担心很没有道理，因为在旁边的人并没有发现他眼睛中有“淫荡的光”，只不过发现他有些看人躲躲闪闪而已。别人也没有蔑视他和骂他。但是，如果一个同学这样告诉他，说你的眼光没有什么问题，他是很难相信的。他会说：“我明明看到了你的轻蔑的眼光。”

如果做了人格意象分解，就会发现，他必定有一个性欲很强的人格，或者是一个喜欢放纵自己的性的人格；同时必定有另一个子人格是禁欲主义或者很保守的，或者是讨厌性，认为性是很肮脏的。实际上，是这个禁欲主义者或者认为性肮脏的子人格，是他用轻蔑的眼光在看那个好色者，是他在骂那个好色的子人格，也是他发现了好色的子人格的眼睛有问题（他当然是很容易发现的，因为他和好色者是同在一个身体中，同用一双眼睛。来访者不知道自己所害怕的是自己，反而以为自己害怕的是同学、朋友或者老师），这才是问题所在。

在重症精神病人那里，这个问题更明显。例如，精神分裂症患者内心中的这些子人格之间，本来就是相互很分离的，于是他们会把自己的一些子人格当作一个外界真实存在的人，或者甚至是外界真实存在的鬼神，这是一个巨大的错误。这个错误的结果就是他们把内心中的子人格对自己的批评的声音（在他们那里这个声音是非常清晰的，是可以听见的）当作了外界的声音，于是出现了幻觉。他们会说：“有一个声音——也许是鬼，在对我说，我活着没有意思，死了算了。”他们不知道，那不是外界的鬼，是他自己心里的一个子人格、一个意象。

No. 4 自我接纳的秘密：找到相互喜欢的子人格

当一个子人格喜欢或依恋另一个子人格时，内心会更加包容和睦。

“认识而且喜欢”代表了子人格间的容纳关系，喜欢有多种性质。有的指一个人爱上了一个异性，有的是指一个人把另一个人当作兄弟姐妹看待，有的是成年人喜欢孩子，有的是孩子依恋成年人，有的是好朋友，有的是相处很好的工作伙伴……

在现实生活中有多少种好的人际关系，在心里内部的子人格之间也就有多少种。你心中的一个女孩可以爱你心中的男孩；你心中的成年人可以和你心中的孩子建立很好的关系；你心中的一个人也可以和另一个人是好工作搭档；当然，你心中的人也可以驯服你心中的野马，把它变成好坐骑。

有一个人的三个子人格——魍魉、无我和秀红之间都相互喜欢，但是关系不同。魍魉是一个皇帝，男，30 多岁。他圆脸，个子不高，穿着绣着金龙的黑袍；性格开朗，经常独处；喜欢躺着，或倚着。无我是一个侠客，30 多岁的男子，个子不高，白色短打扮，长发，背着宝剑，喜欢自由自在到处玩，特别是喜欢到自然环境中去；性格自由自在，开朗，话多。魍魉和无我是好朋友的那种相互喜欢。而秀红 22 岁，穿红色衣服，金边白斗篷，身材一流，瘦，清新脱俗，很热情，高雅。她是魍魉的表妹，对魍魉是对亲人的那种亲切；她是无我的情人，和无我有朋友加情人的亲密感觉。

一个人的内心就是一个小社会。

子人格相互喜欢是一件好事，它代表这个人的内心中是和谐的。这个人的总体将会安详、没有太多的自我矛盾。他接纳自己，对自己不苛刻。他的心情也常常会比较快乐。

子人格相互喜欢得越多，人就越不需要压抑自己。假如，我的一些行为（来源于子人格 A）不能被我（确切地说是我的子人格 B）接纳。我会厌恶地说："我怎么会干这种事情？"以后，或多或少，这些行为和心理经验就会被我压抑。我渐渐地看不到我做的某些事情。这样，我对自己的了解就会越来越少，越来越片面。我的许多经验将不会得到利用，因为我根本就不知道我还有这些经验。我内心的疆土变得更为狭窄。而子人格如果相互喜欢，我们就没有这么多压抑，我们就可以有更多的人生经验，心的领域变得更大了。

子人格相互喜欢也有不利的一面。由于心中一团和气，没有紧张，这个人也许会缺少改变自己的动机，这个人也许会有安于现状、不求进取的缺点。假如这个人的各个子人格都比较"安分"，这个可能性就更大。或者，有些子人格的行为是社会所不容纳的，但是，他自己的其他子人格都接受甚至喜欢这个子人格。这样，他心中虽然没有矛盾，但是他整个人和社会之间则产生了矛盾，而且这个人将会不适应社会。例如，一个人有裸露癖，他有一个子人格很喜欢在公共场合当着女人暴露自己的性器官，而他的其他子人格也不反感这个行为。他就这样去做了，也获得了性的满足。他没有心理冲突，但是那些被他的行为骚扰的女性心里却不舒服。她们希望他改变自己，但是由于他的子人格之间很和睦，他没有改变自己的动机。

No. 5 子人格关系记录的小技巧

用简单矩阵图来记录子人格之间的关系。列出子人格名字，并在表格中填上代表关系的符号："+"代表喜欢，"-"代表不喜欢，"/"代表不认识，"="代表认识但是不关心。

在做人格意象分解的时候，可以用表格或图来记录子人格的人际关系。我们主要采用的是这样的方法。

画一个矩阵图，横向和纵向都列上各个子人格的名字，然后在表格中的每个格子里填上代表关系的符号："+"代表喜欢，"-"代表不喜欢，"/"代表不认识，"="代表认识但是不关心。

下面用一个简化的图表做例子。

假设这个人只分出了 4 个子人格（实际是不可能的，至少能分出十几个），四个子人格的名字分别是纨绔、老牛、书生和妖女。纨绔是一个少爷，游手好闲，不务正业；老牛是一个勤劳的老者；书生就是传统中有几分书呆子气，也有几分书卷气的书生形象；而妖女是一个美丽而性感的少女。

这 4 个人的人格关系是这样的：

	纨绔	老牛	书生	妖女
纨绔		=	-	+
老牛	-		+	=
书生	-	+		=
妖女	+	/	+	

这是什么样的关系呢？按行看。

第一行是纨绔对其他人的态度。第一行和第二列交叉的符号是“=”，代表纨绔虽然认识老牛（老牛是他家的一个仆人的名字），但他根本就没有把老牛放在心上，不关心他。第一行和第三列的交叉的符号是“–”，表明纨绔不喜欢书生，也许是嫌他太酸吧。第一行和第四列的交叉的符号是“+”，说明纨绔对妖女很喜欢，也许是迷上这个美丽性感的女人了吧。

第二行是老牛对其他人的态度。第一行和第一列交叉的符号是“–”，代表老牛不喜欢自己的主人。第一行和第三列的交叉的符号是“+”，表明老牛喜欢书生，这个朴实的人对知识阶层的人还是很尊重的。第一行和第四列的交叉的符号是“=”，说明老牛对妖女无所谓，就像焦大对林妹妹一样，反正和我也没有关系。

第三行是书生对其他人的态度。他不喜欢纨绔、喜欢老牛、对妖女无所谓，证明他是一个不太重视女色的人。从书生的角度看，纨绔大可不必把他当作情敌。

第四行是妖女对其他人的态度。她喜欢纨绔，对老牛这个人干脆不认识，也喜欢书生。她对纨绔的喜欢和对书生的喜欢也许是不同的。纨绔是她最好的玩伴，高兴时她也诱惑一下他，诱惑男人是她的习惯。而她更希望诱惑的是书生，因为书生的冷淡激发了她的不服气——“我就不信我迷不住你。”

在解释中我加了一些东西，是表中没有的。例如，喜欢是什么性质的喜欢等。在实际做的时候，也可以加一些这样的说明。但是，如果人数大到几十，这个表会很大，要想把所有关系都解释清楚太费时间了，所以我往往就做一个表了事，不记录那些具体的说明。

只要自己心里清楚是怎么回事就行了。

从这个表里可以看出很多东西。例如，“纨绔对老牛不在意，老牛不喜欢纨绔”。从这里可以想象一个故事，主人对仆人的轻视使仆人积累的怨气越来越多，也许某一天“老牛”不干了，发脾气了。再如，“纨绔喜欢妖女，把书生当作情敌；书生傻乎乎的，觉得纨绔没必要嫉妒自己；妖女两边勾着，重点对书生。也许有一天，纨绔忍无可忍会向不知就里的书生发难”。

这些故事都可能发生。一旦在潜意识中，这些事情发生了，在这个人的生活中，就会出现一些情绪上的问题。例如，纨绔代表着一种游手好闲的性格倾向，老牛代表着勤奋的性格倾向。这个人平时总是游手好闲，当工作被拖到不得不做的时候，他又会加班加点，把自己累得贼死（这时老牛出现了）。时间长了，老牛暴怒。在这个人正在游手好闲的时候，他会突然感到强烈的焦虑，感到对自己的愤怒，而他又不愿意去工作。这时，巨大的心理冲突出现了。

在《荷马史诗》中，描写人间的战争时，总要同时讲天上的战争。特洛伊战争是特洛伊人与古希腊的英雄在作战，但是，在同时，奥林匹亚山上的神也在战斗，有的支持这一方，也有的支持另一方。地上的两个人战斗的时候，天上的两个神也在战斗。在支持特洛伊人的神失败的时候，地上的特洛伊就会死一个英雄。在天上的事件和地上的事件之间有一个对应。

人的潜意识事件和意识事件也同样对应。两个子人格的事件是潜意识中的，人的情绪的冲突是意识中的事件。但是，后者是前者的结果。甚至，因为我的子人格的冲突，造成了我的情绪冲突后，我也许会把这个情绪投射出去，例如，“老牛”就会把愤怒投向这个人的一个朋友，“都是你老拉我去玩，才干扰了我的工作”。这样，内心的子人格冲突就成为真正的人际冲突。

即使不做任何其他心理咨询的操作，仅仅让来访者分析自己的各个子人格之间的关系，这对来访者也会有一定的益处。因为在分析和画矩阵图的时候，他就有机会看清自己。这样的分析就像一面心灵的镜子。镜子没有清洁皮肤的作用，但是，假如有一个从来没有照过镜子的人有一天照了镜子，我们可以断定他随后不久就会变得干净一些，因为镜子让他知道了，脸上哪里有脏的地方。

Part 05

有趣的心理测试：
借助子人格彻底看清自己

一旦人被拆开了，好多东西都清楚了。我很喜欢拆东西。小时候，父亲给我的玩具，如小汽车、小飞机，还有钟表什么的，我都非常喜欢拆开。一拆开，什么都清楚多了。我知道了它们是怎么运行的。但是，最有趣的还是现在的“拆人”。拆开后，好多东西都可以有更清楚的“计量”。我可以根据前面的资料对一个人心理上的许多东西做定量的分析。

No. 1 人格“成熟度”：用子人格计算“心理年龄”

人的心理年龄是所有子人格年龄的平均值。子人格中孩子占主导，就会显得“心理幼稚”。

我们都知道，人的实际年龄是最确定的，只要把现在的时间减这个人的出生时间，得到的结果就是实际年龄。但是，我们很容易发现，实际的年龄和心理的年龄是不一样的。有的人实际年龄很小，但是心理上老气横秋。有的人实际是老人，但是心理上幼稚得像一个孩子。例如，金庸小说中有一个人物是老顽童周伯通，年纪一大把，但是我想几乎所有的读者都同意，他心理上完全是一个儿童。他做事的方式就像一个孩子。

虽然我们都看得出来，周伯通是一个心理上的儿童，但是，如果要一个准确的答案：他是几岁的儿童？我想谁也说不出有根据的答案来。心理年龄的测定，就不像实际年龄那么容易了。

但是，用人格分裂出来的心理意象，却可以得到一个对心理年龄的定量的测量。而且这个测量方法很简单：一个人的心理年龄就是其所有子人格中人的年龄的平均值。当然，这个方法也有一些局限，后面会谈。

假如，在上面的例子中的那个纨绔的年龄是 20 岁，老牛的年龄是 50 岁，书生的年龄是 18 岁，妖女的年龄是 18 岁。则这个人的心理年龄的平均值是（$20+50+18+18$）$\div 4=26.5$ 岁。

在做这个计算的时候，一般来说，只计算子人格中的各个“人”的年龄，不计算那些动物、鬼神、菩萨等的年龄，否则就没有办法算了。也许一个“老寿星”的年龄就是几万岁，平均之后这个人的心理年龄也要上几百岁了，这怎么能行。

个别的时候，动物可以计算年龄。特别是这个人的很多动物的形象非常像一个人的时候，可以把动物的年龄也计算进去。要计算，就必须把所有的动物计算进去。但是，计算动物年龄的时候，需要有一个“校正”。校正的方法是，找到一个动物的意象，如狗。我们都知道，一只真正的狗大概可以活十几年。狗的寿命比人短很多。

10岁的人是一个孩子，而10岁的狗已经是老狗了。

在计算心理年龄的时候，就需要对动物做一个校正。校正的方法是，问问来访者本人："你的这只狗是小狗还是老狗？你的这只狗相当于人的多少岁？"这样就可以得到来访者心目中的这只动物的"校正年龄"。

其他动物也是一样处理。一只狗10岁相当于人多少岁，这个换算要让来访者自己做。不要有固定换算率。也许根据科学，10岁的马相当于40岁的人。但是，假如来访者认为马的10岁相当于人的20岁，要按来访者的估计为准。因为，我们要计算的是来访者心理的年龄，是一个心理的东西，而不是客观的东西，他想象的动物，也并不是客观世界中的动物。

为什么只计算"人"的年龄，偶尔计算动物的年龄，而不计算"鬼神"的年龄呢？除了实际困难外，还有一个理论上的原因。子人格中的"人"是处在表面的，这个子人格是这个人独有的，是他在这一生中所有的，所以是有年龄的。而子人格中的"鬼神"是荣格所谓的集体潜意识中的原型意象，他们是超个人的，是全人类的潜意识的化身。完全不是这个人独有的，不是他这一生中生出来的，是没有时间性的，所以没有年龄。

动物比较特殊。有些动物形象与其说是动物，不如说是"动物之神"，就像埃及的猫神一样。这些动物神是没有年龄的原始意象。而有的动物是有年龄的，小狗会变成大狗。这些动物的年龄就不妨计算在内。

这样的计算当然还包含着许多未解决的问题。其中一个问题就是，为什么我平均对待这些子人格。有的子人格明显占主导地位，在计算心理年龄的时候，似乎应该给这些子人格更高的权重。但是我考虑到，分权重会带来一个新的困难。因为有的子人格在意识层面占主导地位，有的在潜意识层面占主导地位。而且主导地位会随时间改变。如果要加权重，就必须针对不同情况，计算什么“意识中的心理年龄”“潜意识中的心理年龄”，这样未免太复杂化。

心理年龄大一些好还是小一些好，这就要具体分析。对老年人来说，心理年龄小一些，看起来比较有活力。但是如果一个老年人像周伯通一样整体上幼稚也是不正常的表现。倒是金庸小说中另一个老人的状态比较好，那就是洪七公。这个老人天真起来就像一个孩子，但是在需要他成熟一面的时候，他可以把自己很成熟的一面表现出来。

No.2 男女气质倾向：用子人格探索“心理性别”

心理性别是对男性或女性程度的测量。例如，贾宝玉在生理上是男性，但其心理的女性程度很高。

生物上的性别和心理性别也是不同的。最能说明这一点的是性别认同障碍者。他也许在生物学上是一个男人，但是他相信这是“生错了”，他认为某个自己是一个女人，他是女人错投了男胎。他希望通过外科手术改变自己的性别，实现“真正的性别”。实际每个人都兼具男性化和女性化的气质，只是两者所占比重不同。受到社会文化的影响，男性和女性会被期待表现出带有和生理性别一致的行为特质。不一致的时候，例如，生活中，生物性别是男人却有很女性化的行为的时候，会被人称为是“娘娘腔”；生物性别是女性表现出男性化的行为的时候，如上树、打架，会被人称为“假小子”。也就是说，他们的生理性别与心理性别是相反的。

当然，多数人的心理性别和自己的生理性别是一致的。但是，也可以看出，性别特点在程度上还有不同。有的男人很男子气，而有的男人虽然是男人，也自认为是男人，身上却有许多女性化的特点。我们应该说是“男子程度”不同。武松的“男子程度”就比贾宝玉高很多。同样，林黛玉的“女子程度”也比花木兰要高。

所谓心理性别程度，就是对男性程度或女性程度的测量。根据分裂的子人格的意象，也可以做一个心理性别程度的计算。

这个计算更简单，只需要计算一下子人格中男性和女性的比，这个比例就反映了心理性别程度。这个比大于 1 则为偏男性，小于 1 偏女性，等于 1 是双性化气质。或者用这个公式：男性程度 = 男人数 / 总人数；女性程度 = 女人数 / 总人数。

这个计算中，动物和鬼神都可以计算在内。只除去那些性别不明朗的动物和鬼神。如果想象中的一个神仙男女不明，不要求来访者强为划分。因为，有的原始意象本身就是雌雄同体的，或者是随时可以改变性别的。在计算时，如果一个形象性别不明朗不计算在内，在总数中也不要计算上他。

究竟一个形象算男还是算女，要由有经验的心理学家决定。试举一个例子，在佛教的说法中，观世音菩萨是不能用男女划分的，因为他（她）可以随意变成男或者女。但是，在中国人的感受中，她一向是一个女人。所以，可以算她是女人。

理论上说，最男性化的男人，所有的子人格意象都是男的，则男性度为100%；最女性化的女人，所有的子人格意象都是女的，则女性度为100%。实际上我还从来没有见到过男性度或女性度为100%的人，每一个人都有异性的子人格。

男性度小于50%的男人，女性度小于50%的女人，意味着他们的子人格中，异性的多于同性的。是不是一个人对自己是男人或者女人的自我性别认同会和子人格中的心理性别比例有关？一个男人平均男性度要小到多少，他就会自认为女性？这还需要进一步的研究。

测了性别程度，还需要知道这个分数的意义。男性是不是男性程度越高越好，或者女性的女性程度越高越好？心理学的回答：不是。男性程度过高的男性，有可能会攻击性太强，而且比较粗心，和女性交往会有一些困难。《水浒传》中描写的男性大多是非常男性化的，他们很难获得美好的爱情生活。鲁智深是和尚不说了，武松、李逵等在爱情上都没有什么建树。《水浒传》中“情场得意”的反倒是鄙俗的色鬼王矮虎。当然，浪子燕青是很有恋爱技巧的，但是如果看一看对他的描写，可以肯定，他刚好是一个有一点点女性气质的好汉。女性程度过高的女性，只适合在文学作品中生活，我们会为之感动，但假如她来到生活中，她会把身边的男人折磨得死去活来。贾宝玉已经是很女人气的男人了，即便如此，林黛玉有时候也能将他折磨得无可奈何。

只要不过度，一个人适当有些异性的气质是很好的事情。

No.3 我接纳自己吗：内部和谐度测量

子人格之间的冲突多，说明内部和谐度低，也说明心理矛盾多，自我接纳性差。

前面介绍了一个内部人际关系的表。在那个表之中，有关于不同人格之间关系的记录。内部和谐度就是根据这些记录计算的。内部和谐度的计算方法是：

内部和谐度 = 表中“+”号的总数目 ÷［总子人格数 ×（总子人格数 -1）］

假如所有的子人格之间都相互喜欢，则内部和谐度 =100%；假如没有一个子人格喜欢别的子人格，则内部和谐度 =0。但这都是理论上的假设，实际上我没有发现过内部和谐度为 100% 的人，也许他们都已经成为菩萨；我也没有发现过内部和谐度为 0 的人，估计他们都已经逝去。

同样的方法也可以计算内部不和谐度：

内部不和谐度 = 表中“–”号的总数目 ÷［总子人格数 ×（总子人格数 -1）］

内部和谐度高，内部不和谐度低，表示这个人心理矛盾少，自我接纳好。这样的人心理健康，而且对别人也会有爱心，快乐而开朗。用这个方法测量自我接纳程度，我觉得很好。它比自评量表更直观，而且很可靠。它不仅得出一个自我接纳多少的数值，它还可以告诉你是哪些人格之间不接纳，有助于我们有针对性地改善心理的内部关系，提高自我接纳。

内部和谐度低，内部不和谐度高，表示这个人心理矛盾多，自我接纳差。这往往标志着有心理障碍或心理困扰。他们在人际交往中往往也会有很多冲突。有的人内部和谐度和内部不和谐度都接近

50%，这些人自我评价不一致，可能表现出对自己的评价忽好忽坏、两极化。

有的人内部和谐度和内部不和谐度都低，这也就意味着“/”“=”符号会比较多。他们的性格有另外的特点，就是接下来要讲的隔离程度、冷漠度和复杂程度。

No. 4 我有多了解自己：隔离程度、冷漠度和复杂度

隔离程度越高，说明子人格之间越不熟悉。冷漠度高，说明子人格之间不友好。子人格的数量越多，人格越复杂。

隔离程度 = 表中“/”号的总数目 ÷［总子人格数 ×（总子人格数 –1）］

隔离程度分高，表示来访者的各个子人格互相之间大多不熟悉。这表明来访者过多使用了隔离的心理防御机制，对自己的人格中大部分都不自知。表现在行为和性格特点上，这些人往往很理性化，很冷漠；自欺欺人，没有自知之明；退缩的表现也比较多。

隔离程度的分数范围是从 0 到 100%。

冷漠度 = 表中“=”号的总数目 ÷［总子人格数 ×（总子人格数 –1）］

冷漠度高，表示来访者各个子人格之间关心程度低。

这表示情感抑制的子人格占主导地位，来访者也会表现出冷漠的行为和性格特点。

同时，表明各个子人格之间没有关系，也就是人格的组织化程度低。

理论上说，这个分数的范围也应该是从 0 到 100%。但是，实际上是不可能出现 100% 的冷漠度的，因为子人格那么多，不可能

每个子人格都是完全冷漠的。假如是这样，这些子人格的性格就都一样了，都是冷漠的性格，而这样还怎么区分它们？子人格是提纯了的、代表不同心理能量的形象，大多是带有各种情绪的，他们怎么可能都冷漠？

一般来说，每个子人格都只能是对部分其他子人格不关心，而总会关心（爱和恨都是关心）其他子人格。

还有一个可计算的是人的性格的复杂程度，计算方法极为简单，就是看子人格的总数。子人格总数越大，来访者的性格复杂程度越大。我们在感觉上觉得人很单纯的那些来访者，一般来说，在做人格意象分解的时候，分出的子人格数目也比较少。

当然，还可以计算很多其他的东西。这里有一个问题，就是在计算这些的时候，采用的是"一人一票"的原则。仿佛一个民主国家投票一样，各个子人格在算分数时是被同样对待的。这也许会有一些争议，也许有人说，是不是不同的子人格应该有不同的权重？主导的、强大的子人格要多算一点？就好像一个要人在社会中应该比老百姓说话更算数一些？还有，喜欢不喜欢的程度也是不同的，同样是一个分数，有的是代表极度地喜欢另一个子人格，另一个代表的也许不过是稍稍对另一个子人格有一点喜欢。按上面的计算方法，这两者在分数上的贡献是一样的，这是不是不合适？

对这个意见，我只能这样回答：道理上，似乎各个子人格不应该完全平等，但是在技术上，根据什么标准来取权重呢？在这段时间也许是这个子人格主导，在另外的时间也许是另一个子人格主导；在意识中也许是某一个子人格强大，而在潜意识也许强大的是另一个子人格，这些都给分配权重带来困难。

喜欢不喜欢的程度是可以更细致地计算的，如分几档：有一点喜欢、比较喜欢和非常喜欢，给予不同的权重。只不过，那样工作量会大大增加。如果用计算机辅助计算，也许是可行的。但是，作为心理咨询和治疗实践者，不需要做得那么精细。

Part 06
一个人的“小社会”：心灵世界的组织结构

No.1 心灵组织图：让子人格关系变清晰

真实社会由许多人际关系圈组成，同样，人内心的各子人格也形成了关系圈。不同组织形式让人格呈现出“等级”“环形”“双峰”“网状”四种不同结构。

一个人就是一个小社会，所以我们讨论的内容与其说是个体心理学，不如说是社会心理学，是一个人心中的各个子人格之间的“社会”的心理学。前面讲了子人格间的人际关系，这里则要研究这些子人格组织起来的方式。

在子人格都分裂出来之后，可以画一个心灵组织图，标明这些人之间都是什么样的关系。为了简单清晰起见，还是用部分子人格的例子来说明这个图的画法。

某人子人格有“纨绔”“老牛”“书生”“妖女”，其心灵组织图是这样的：

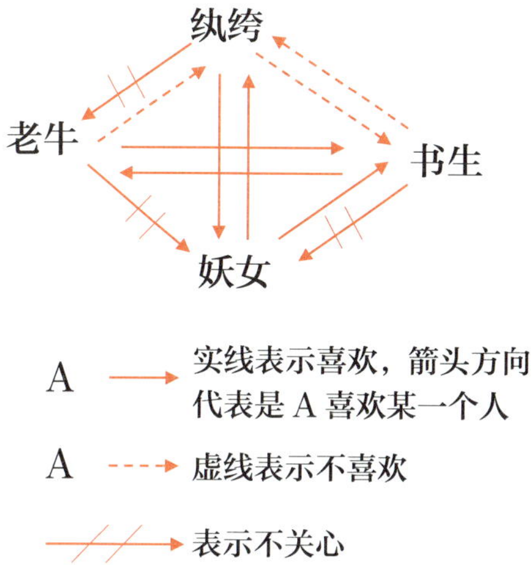

如果其中两个不认识，就不需要画这两个之间的连线。另外，还要用文字把相互关系的性质标出来。

上面是过于简单的例子。实际上，一个人有十几甚至几十个子人格，心灵组织图是一个很大很复杂的图。但是，即使在这样的图中也可以看到一些组织。

可以把纨绔、书生和妖女这 3 个圈在一起，他们构成了一个关系圈。这个关系圈中是一个“恋爱的三角关系”；可以把“纨绔”“老牛”圈在一起，他们构成了一个关系圈，这个圈是“不和谐的主仆关系”；可以把“书生”“老牛”圈在一起，他们构成了一个关系圈，这个圈是“遥远的互相赞许关系”。

圈出这些关系圈没有什么规定性的方法，心理学家直观地发现和圈定即可。有了这个关系圈，就可以更好地分析和理解来访者的人格组成。

No. 2 关系圈和情结：透视关系问题的产生

“情结”是几个子人格构成的关系圈。例如，“恋母情结”是一个人的“孩子”子人格，在依恋其“内在母亲”子人格。

实际上，一个“关系圈”就是一个心理情结的形象化的表现。关系圈可以用来反映心理矛盾。所以，分析关系圈中的人际关系，调节这个人际关系（就像你在一个真的社会组织中调节人际矛盾）就可以改善来访者的心理。

举一个咨询中的具体的例子。有一个来访者，女性，22 岁。她曾经有过一次失恋。失恋给她带来很大的打击。她来咨询时的主要症状是抑郁，伴有一些强迫性的观念。在做人格意象分解时，分裂出的人格中有这样一个关系圈，圈里有 6 个人。

（1）微微：她的身份是一个老师，20 多岁，戴眼镜，一本正经。

（2）果果：是一个小女孩，很胆小，缩在屋子的一个角落里。外面下着雨。

（3）纤纤：一个少女，体态轻盈，纯洁美好。

（4）狐狸：开始的形象是一个很性感的女性，身材非常有女人味和诱惑力。后来，她变成了男性，依旧很有性的诱惑力。

（5）培培：身份是一个医生，年龄也不过是 20 多岁，很善良、很朴实。

（6）灵魂：他的身份是一个魔鬼，主导的情绪是仇恨，他的话是“我要占有你，我要毁了你”。他的外形是很强健的男性。

来访者认为，这个名叫“灵魂”的魔鬼是她的前男友的象征。

而实际上，我们应该说这个“魔鬼”是她的前男友的形象在她自己心中内化的产物，而在更深一个层面，是她的心理障碍的化身。

微微不喜欢灵魂，认为他品行不端。

果果也不喜欢，但是她胆子很小，绝对不敢表示不满。

纤纤喜欢浪漫、喜欢精神世界中的享受，她幻想着自己可以改造灵魂。

培培害怕、讨厌灵魂，但是又依恋灵魂，离不开他。

微微用教育的方式，想让培培离开灵魂。

狐狸让人觉得很放荡，但是实际上在试图用性诱惑力吸引灵魂，好让灵魂离开培培。

从这样一个关系中，可以分析了解很多东西。例如，这个来访者在失恋后，曾经一度表现出在性方面有所放纵。这和她一贯的行为方式很不同。在这个内部关系的分析中，我们知道，性放纵的倾向来源于狐狸。而狐狸这样做的目的是把灵魂从培培身边引开，是为了帮助培培，因为她觉得培培性格比较软弱，力量不强，摆脱不了灵魂的纠缠。狐狸是一个性格坚强的人，她可以摆脱灵魂。所以狐狸表面上的性放纵实际上是一种对培培的爱。

在生活中，她在性上的放纵也是如此。她试图把对前男友的感情从“依恋与占有”的关系（这是培培和灵魂的关系）在心理上改一改，重新定义为“纯粹性的吸引”关系。也就是说“我不过是因为性才需要这个男人”。假如这样做完全成功了，下一步就是“我不必要和这个男人保持关系，我可以找其他男人”。这样就摆脱了和前男友的精神联系。但是，她的这个尝试并不成功。

这一组子人格就构成了一个情结。

No. 3 子人格关系圈的组织形式，决定你的人格结构

有“等级”层次结构人格的人，适合在军队、政府等机构工作；有“环形”结构人格的人，适合做社交性工作；有“网状”结构人格的人，适合从事画家、作家等自由职业。

关系圈是小规模的心灵组织，代表的是情结。一个人的心灵是由很多情结组成的，但是绝不是这些情结随便堆积起来构成的。一个情结就像是一个小的人际关系圈，一个人就是一个社会。我们的社会是由许多人际关系圈组成的。例如，我们有政府、有学术圈、有商业圈、有演艺圈、有亲戚圈、有朋友圈等。某一个人还可能身跨两个圈，例如，我是学术圈中的人，同时我还有自己的朋友圈，这些朋友未必都是学术圈的。人际关系圈构成了社会，而且是有一定结构的。如政府管理着演艺圈、商业圈和学术圈，但是对亲戚圈和朋友圈不太管理。演艺圈、学术圈也是要赚钱才行，它受到了商业圈的一定控制。这样可以画一个社会的简单组织图。同样，人在心里，也是把情结组织起来成为人格，人格是个体的最大规模的组织。

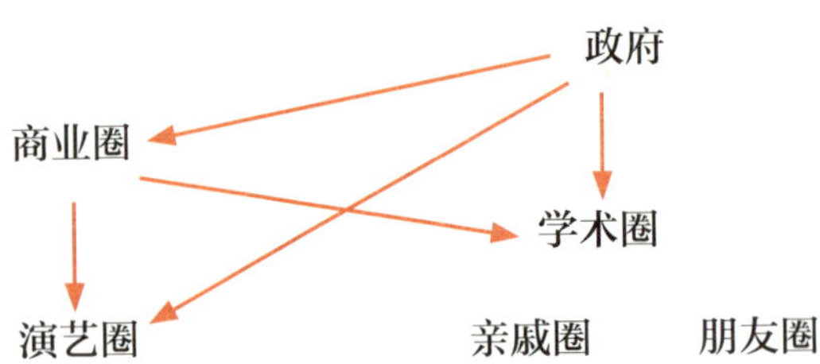

当然，每个圈子展开，都是由一些具体的人组成的。可以用分析社会的方法，分析一个人心中的子人格。通过分析，会发现情结组织为人格的方式是不同的。我们在实践中发现过这样一些组织形式。

1. “等级”层次结构

在人格中存在着非常明显的等级层次，人格组织时，主要根据等级。最常见的等级是“辈分”，表现为各个子人格之间根据辈分形成等级关系。

举一个例子：某个人在第一等级有“大牛”，大牛的身份是父亲，权威。下一个等级有“宏利”，是大牛的儿子，少爷；还有一个薇莉，宏利的母亲。下一个等级有“梅梅”，大牛的妻子，她很依赖大牛；小兰，大牛的侄女，也很依赖大牛。还有“文华”，是宏利的朋友，但是很依赖宏利；莹莹和莲莲是宏利的两个妹妹，性格上一个开朗、一个内向；还有小红，也是宏利的妹妹；小宝、虎哥是宏利的弟弟。小牛也是大牛的儿子，但是年纪还小，在家中的地位不如宏利。再下一个等级是仆人和小狗、小猫。

例子中，等级非常明显。第一级的中心人物是大牛，最权威。第二级的中心人物是宏利，一个次级权威人物。下面都是一些弟弟妹妹，以及依赖性很强的人物。最下面是仆人和宠物。

这样的“等级”层次结构使整个的人格具有一种“权威—依赖”的人格，包括“权威人格”，也包括“依赖性人格”。如果这个人的权威性占主导，这个来访者会是一个权威、自我中心、强硬的人，甚至是专制、独裁的人。

他的工作效率很高，能力很强，因为他的所有子人格都在一个权威子人格的支配下，做同一个工作，心理矛盾被强行压制。但是，他太独断了，不仅要控制自己内心中的所有其他子人格，他甚至还要控制其他人，这往往是别人难以忍受的。如果依赖性占主导，这个来访者就表现为非常有依赖性、软弱、优柔寡断。

2.“环形”结构

在人格中没有明显的层次，但是有一个中心。这个所谓的中心是主要的子人格，其他的子人格和他都有各种各样的联系，但是不受他控制。例如，某人的主人格是“双儿”，女，18 岁。其他子人格，有许多是双儿的朋友，有一些是她的兄弟姐妹，还有的是她的老师，有一个是她的恋人……多数子人格都认识双儿，双儿认识所有的子人格，而且大多是双儿的直接关系。只有少数是双儿的间接关系，即双儿恋人的父母、双儿弟弟的妻子。这样的结构就是环形结构。

“环形”结构是一种统一性的结构，而且较为平等。有这样结构的人，性格表现和这个主人格的特点关系很大。主人格和其他人格的关系好，则来访者的性格就会很积极，主人格和其他人格的关系不好，则来访者的性格就比较消极。

利用人际关系表，可以用一个公式计算主人格的对人和谐度。设这个和谐度为 H，则 H= 主人格所在的行中“+”号数 ÷（总子人格数 -1）。主人格的受欢迎度为 I，则 I= 主人格所在的列中“+”号数 ÷（总子人格数 -1）。对人和谐度和受欢迎度越高越好。

3. “双峰”结构

“双峰”结构有一个主人格，还有一个比主人格稍稍影响力小一点的次主人格。这两个子人格都分别有自己的一个圈子。双方的圈子虽然互相渗透，但是还是可以看出分界的。

这样的人格结构反映来访者有一种“双重性”的性格。可能这两个子人格会“轮流执政”，在不同的时候分别占据主导地位。这样就会发现来访者的性格会有明显的不同。

4. “网状”结构

这种结构中缺少一个主导人格，也没有权威人格。各个子人格之间的结构是平面的、并行的。

虽然是这样，还是有一个子人格把这些分散的子人格组合起来，但是这个子人格往往只是一个“观察者”的身份。有的时候，来访者会很认同这个子人格，称他为“我”，也有人干脆就给他起一个“观察者”的名字。

我记得有人评论《笑傲江湖》一书中的令狐冲，说他就是一个江湖的旁观者。我认为有一点道理。虽然令狐冲也介入了许多江湖恩怨，但是在心态上，他有一种旁观者的心态。任我行、岳不群、左冷禅这些人才是投入者。

“网状”结构的人格，使来访者有一种相对比较超然的性格、平等的性格。当然，这还要看组成这个人的各个子人格的性格。

一个人在自己的心中如何组织各个子人格，也就倾向于在社会交往中用同样的方式组织社会。所以，一个“等级”层次结构的人，就较适应权威的社会组织，如适合于在军队等机构工作。一个“环形”

结构的人，如果主人格的对人和谐度和受欢迎度都足够高，则适合做社会工作、社交性的工作。一个“双峰”结构的人不好总结。而“网状”结构的人则喜欢松散的社会组织，喜欢做画家、作家等比较自由的工作。

第 3 篇

子人格的真相

Part 07

心灵世界的众生相：

看看你的子人格

No. 1 不同子人格象征什么

子人格成分分析，可以让我们了解内心中的人、动物、鬼神的心理象征。

想想很奇妙，在我们的心中，可以有二三十个人，可以有一群动物，还可以有种种鬼神。我们的心能有多大呢？竟然可以装下这么多事物？

真不可以用我们的身体去度量心。身体和心灵不属于同一个世界，身体属于物质世界，遵守物质世界的法则。例如，物质有不可入性，我们的身体不可能穿墙而过。而心灵所在的是另一个世界，这个世界没有物质世界的时空观，有不同的法则。精神世界的法则，实际上在东方传统文化中很明确地展示了。例如，文殊菩萨去探望维摩诘的时候，在维摩诘的一个小房间中，来了成千上万的人来旁听他们的对话，而这个房间一点也不拥挤。我们的心，可以装下的何止是这几十个生灵，它甚至可以大到装下这个世界。因为，它的时空不是物质世界的时空。

可以把我们想象出来的不同的人格说成“只是我们的想象”而已，他们当然没有物质性的实体。我们的“老虎”子人格不会像一个真老虎一样找个人吃吃，我们的“英雄”子人格在想象中虽然力拔山气盖世，但在我们搬煤气罐的时候，却不能指望他来帮忙。但是，这些子人格还是有心理上的现实性的。你不可能要想象什么子人格就想象出来什么样的子人格。假如你的人格结构中没有一个“老虎”，你是不可能想象出老虎来的。这一点有些人不相信，但是，只要他们不欺骗自己，真去尝试一下，他自然就会发现这是千真万确的事实。然而，我们的“英雄”子人格虽然在搬煤气罐的时候没有用，他还是可以增加你的勇气的。小说《飘》里有一个身体很弱的女性叫媚兰，煤气罐她肯定搬不动的。小说中的女主人公郝思嘉要比媚兰身体壮健得多。但是，在遇到危险的时候，郝思嘉发现她需要依赖媚兰做自己的主心骨。为什么呢？我们在生活中也可以见到类似的事情，有些人并不健壮，但是我们觉得他很有英雄气概。在遇到危险的时候，在反抗压迫的时候，这些人更有胆量，这就是他们心中的英雄人格在起作用。

通过想象而发现的这些形象，这些动物和鬼神，在我们的心里是一些现实的存在，不是虚构。正是这些形象构成了我们的心灵。

那么，他们是谁？这些形象象征着什么？我们可以做一些分析。这个分析的方法就和心理分析学家分析梦的方法一样，我们梦见一个人，就需要分析，这个人在这个梦里代表什么？

这个分析是很有必要的，如果不做这个分析，也不知道这些形象的象征意义，我们的人格意象分解就只是一个游戏而已。只有了解这些形象的意义，才可以做心理咨询和治疗。

现在，我们想象出了一些形象，他们代表的是什么？

要讲清楚这一点，首先要介绍心理学家荣格的“原型和原始意象”的概念。

No.2 来自远古的力量：原型和原始意象

原型是指我们的祖先在生活中经常遇到的事、情境和对象。某些现代人并不健壮，但在遇到危险时很有胆量，这就是其心中的“英雄”原型在起作用。

荣格说在集体潜意识中有很多原型，他们会表现为原始意象。原型或原始意象是人祖祖辈辈的生活中积累的形象。在人们的想象中，这些原始意象会表现为人，也可以是动物、鬼神或其他。荣格所确定的原型有很多，包括诞生原型、复活原型、死亡原型、权力原型、巫术原型、英雄原型、儿童原型、恶作剧精灵原型、恶魔原型、智慧老人原型、大地母亲原型、巨人原型；以及许多自然对象原型，如树的原型、太阳原型、月亮原型、风的原型、河流原型、火的原型、动物原型；还有不少人造物原型，如圆环原型、武器原型等。

原型是原始人生活中经常遇到的事情、情境和对象。在荣格看来，不仅仅生理特征可以遗传，原始人的心理也会遗留给自己的后代。一个新生儿的心灵中不是一张白纸，他们的心中已经储存着这些原型。在新生儿那里，这些原型还只是一些潜在的“没有内容的形式”。

新生儿不可能在刚一出生时心中就有一个英雄的形象。但是，作为“没有内容的形式”，英雄的那种力量、勇气的感觉潜藏在他心里。一旦在生活中遇到一个英雄或者听说过一个英雄，他就可以把这个原型的力量和现实中英雄的形象结合在一起，构成一个“心目中的英雄”的形象，也就是原始意象。

No.3 你和他人为何有相似性格：共同的原型或意象

一些意象的象征意义是共同的。例如，无论“小老虎”这一形象成为谁的子人格，其特点都是胆大、敢闯敢干、顽皮淘气等。

我们的子人格中，有一些实际上就是纯粹的原始意象。动物、鬼神、菩萨等形象，经常就是纯粹的原始意象。原始意象是“集体的”，也就是说，原始意象不论在谁的人格中出现，这个意象都是一样的。

例如，“小老虎”这个形象作为原始意象出现时，不论是做谁的子人格，都有一些共同特点：开朗、活泼、机灵、胆子大、敢闯敢干、好奇心强、顽皮淘气，有时会闯个小祸。他会是一个或者像一个阳光灿烂的男孩。我们在“聪明的一休”“小兵张嘎”等许多艺术形象上，可以大致感觉到这些性格。

任何人想象到一个小老虎，都是这样的性格，绝对不会有其他的性格。因为，这个性格就是小老虎这个原始意象的性格。

再如，死神也是一个原始意象，不论在谁的子人格中有死神，这个死神性格都是一样的。例如，他最爱穿的衣服是黑衣服。不论是谁，想象出的死神都是爱穿黑衣服的。即使按我们的习惯，丧礼是穿白色的，而不是黑色的，但我们的死神也爱穿黑衣服。

因为，生如果是白天，死就是黑夜，所以死神必然爱穿黑色。

如果对各个原始意象很熟悉，一见到某个原始意象在哪个人那里出现，就可以认出来他——哦，你说的这个是英雄原型，那个是狮子王原型，那个是大地母亲……

在我的实践中，死亡原型、权力原型、巫术原型、英雄原型、儿童原型、恶作剧精灵原型、恶魔原型、智慧老人原型、大地母亲原型、巨人原型等都是常常会见到的。自然对象原型中各种动物原型更是几乎存在于每一个人之中。以植物、矿物或珍珠等形象出现的子人格也大多是一种原始意象。

No. 4 练就火眼金睛：识别变身的原始意象

当原始意象出现后，不会仅有一种样子，而是像孙悟空一样“七十二变”。

神话中的妖怪、神仙都有一个很了不起的本领，他们会变形。孙悟空本领大，可以七十二变；猪八戒本领小一些，也可以三十六变。白骨精可以变少女、变老太太、变老头。西方的神宙斯也可以变牛、变天鹅、变金雨（注意，雨是非生物）。为什么各国的神话中的人物都有“变形”这个能力呢？说出来谜底简单至极，因为所变之形都是人们心中的原始意象。而原始意象的特点就是可以变来变去的。

所以，一个原始意象不是只有一个样子。我们不能像抓逃犯一样，用一个照片就确定他的身份。观世音是一个原始意象，她在印度的基本样子是身材瘦削的，是打坐的姿势。但是，手势有很多不同。在中国，她的基本样子是一个中年的美丽女性，表情温和，手持净瓶和柳枝。但是，我们还看到有许多不同的形象。例如，提鱼篮的鱼篮观音，老婆婆样子的观音。在密宗中还有相貌非常凶、非常可怕的观音，长着马头。在我们的想象中，这个原始意象出现时的样子也各异。例如，她还可以是一个现代少女的样子，穿着连衣裙。

其他原始意象也是一样。例如，动物的原始意象可以以人的样子出现——《西游记》的动物精灵常常这样做。在人格意象分解时，动物也可以是人的样子，但还是动物。我自己人格中有好几个动物都是这样的。另外，人格中的动物可以“进化”为人，也就是说，虽然他是动物变的，但是这个变化比较彻底，所以已经可以把他看作人。而我们还是可以看到他的来源是什么动物。

如果学会识别，则可以知道，虽然样子变了，但是这个形象是谁，就仿佛孙悟空有火眼金睛，我们也可以有。

No.5 心灵世界“提纯”：识别不纯的子人格

某些子人格源于几个原始意象的结合，或是原始意象受到了现实经验或心理问题的“污染”。

有些子人格并不是纯的原型或原始意象，但是他们还是来源于这些原始意象的，他们是两个或者多个原始意象的结合。两个原始意象结合形成的子人格，有时也叫作原始意象。例如，太阳的原始意象和阿尼姆斯的原始意象结合，可以构成一个叫作“太阳王子”的形象，它有太阳的开朗光明的性格，也有男性的特点，非常受女性喜欢。

多个原始意象结合后，形成的子人格看起来就不是那么像原始意象了。但是，性格也还是统一的、单纯的。原始意象可以用一种动物或者一个神灵的样子表现，原始意象是在不同时代、不同的人身上反复出现，总不改变样子。原始意象几乎可以说是永恒的。多个原始意象结合后的子人格则不同，他不是永恒的，他只是这几个原始意象暂时结合在一起的，用佛教语言说是“因缘和合”的产物。他的形象往往是一个人。

在子人格中的“人”这个形象，有时是原始意象，有时是几个原始意象的结合。是原始意象时，他的性格极为鲜明，或者是非常好，好到像天神，或者是坏到如鬼魅。也就是说，虽然他的形象是人的形象，但是他不过是化身为人的鬼神。多数人的形象，应该是结合了几个原始意象形成的复合形象。

这样的子人格，性格好像更复杂些，但是依旧是一个统一的人格。打一个比方，红光是最单纯的色调，它好像是原始意象；红光和蓝光结合就是紫色，也可以说是比较基本的颜色，也可以称为原始意象。而我们用红、绿、蓝三种光配出了一种颜色，这个颜色不是基本色，在买油画颜料时，我们是找不到这个颜色的。但是，它还是一种色调，而不是两三种颜色画在了一张纸上。

还有一种不纯的原因是受到了干扰或者污染。或者是，来访者把他生活中某一个人的形象放在心里。这个形象代表的不是他自己的性格侧面，而是另一个人。例如，有一次一位来访者说的一个形象，性格非常不单纯、不统一。这个形象既是“游手好闲”的，又有“事业心强的一面”。经过询问，她说这个形象是她喜欢的一个男性。那个男性有时游手好闲，有时事业心强。这就是受外界的人污染的形象。它明显不统一，严格说根本就不是这个来访者的子人格，而是那个人在她心中的形象，或者说，是那个人的形象在她心中的“副本”。

不过，有的时候会出现这样的情况。生活中另一个人的形象被这个人自己所接受，被内化或认同为他自己。最常见的就是，一个男性非常认同他的父亲，结果他父亲的形象被内化。在他的心中，有一个非常像父亲的子人格产生，一开始是作为“父亲的副本”，后来却变成了这个男性自己性格的一部分。

还有一种污染是来访者用自己的逻辑思维修改了自己看到的形象，或者是来访者的某个心理问题，使他看某个形象的时候产生了误差。我们可以比喻为，来访者戴着有色眼镜或者透过脏玻璃看人，看到的人是和实际不同的。或者说，因为来访者心理不健康的因素，把某个原始意象污染了，使这个原始意象有了一些变异。

例如，女来访者看到的一个子人格叫珍珍，她说她是一个菩萨，女，22 岁，穿着正规正统的朴素衣裤。这个菩萨很愿意帮助他人，喜欢被人称赞，讨厌背信弃义之徒；性格仁慈、宽厚、通情达理、慷慨，乐于助人、为他人着想。

虽然来访者说这个人是菩萨，而且我们知道珍珍身上有一些菩萨的特点。但是，珍珍的形象和菩萨的原型是不同的。珍珍的乐于助人，不是像菩萨那样无所求的，而是为了寻求别人的称赞。她显然是有一个情结的，是为了得到关怀而行善的。这个珍珍就是一个菩萨的原型受到了严重污染的产物。

对这样的形象，就需要做提纯。也就是说，分辨出是什么污染了原始意象，排除这些污染，帮助来访者把原始意象和她自己的污染分辨清楚。

No.6 原形毕露：辨别子人格中原始意象的技巧

了解一个人的子人格中有哪些原始意象，或者辨别其是哪个原始意象的化身，是意象对话心理咨询工作的关键。

在心理咨询中，一个重要的工作是辨别：辨别一个形象中有哪些原始意象，或者辨别他是哪个原始意象的化身。因为动物和鬼神基本上就是原始意象的直接表现。实际工作中我只辨别一个形象是由哪个动物或鬼神演变来的，而这个动物或鬼神又象征着什么心理内容。

在使用意象对话和人格意象分解的心理治疗中，心理咨询师应该对每个原始意象的性格、特点，对人的生命的意义学会辨别。辨别清楚了，就可以知道如何对待这个子人格了。这个辨别是一个经验性的事情，好像很难有一个客观的规则。

首先还是要熟悉。熟悉了一个原始意象，知道了他的很多细节，就容易辨别出他来。就像开一个化装舞会，人们都戴着假面具。但是，我还是可以很容易地找出来自己的妻子。因为我很熟悉她，从一个微小的习惯动作，从声调的一个特点，从走路的姿势都可以辨别。我要找出一个普通朋友，肯定就不这么容易了。

有人试图用描绘性格的词语来辨别，这是很困难的。例如，有一个词是“勇敢”。我们发现这个子人格很勇敢，他是谁，我们不好确定。英雄原型是肯定勇敢的，但是，太阳神也是勇敢的，虎是勇敢的，犀牛也一样勇敢。用勇敢这个词，我们不能确定。但是，如果你熟悉这些人格，你就会发现他们的区别。太阳神的勇敢是偏于静态的，像阳光，是性格光明磊落；因为光明磊落，所以无所畏惧。这是所谓“为人不做亏心事，不怕半夜鬼敲门”式的勇敢。英雄的勇敢是动态的，像烈火，因为有力量，所以无所畏惧，是所谓“明知山有虎，偏向虎山行”的勇敢。虎的勇敢类似英雄，但是更强调威猛，是“虽千万人吾往矣”式的勇敢，而犀牛的勇敢有一些执着和蛮勇，是“管他三七二十一”式的勇敢。

子人格中的人很多来源于动物，有动物性。不论他是动物化身还是已经进化为人，都可以辨别出他的动物来源。这个辨别很有用，可以帮助我们了解这个人性格的细微特点。

例如，《水浒传》中的李逵，这个形象是从一个动物转化来的。你猜是什么动物？很容易猜，就是牛。李逵的性格有很多牛性。他像牛一样本性善良，像牛一样有力气，像公牛一样好斗。一旦急了，他像疯牛一样不顾一切，抡两把板斧（一定是两把，两把板斧是两只牛角的象征，像吧？）迎头砍去。他也像牛一样执着，认死理，一次他发现宋江和妓女李师师关系亲切，就勃然大怒，发起牛脾气来，谁也劝不了。怪不得他的外号是“铁牛”。

鲁智深虽然和李逵一样是好汉，一样勇敢，但是他的原型是另一个动物——大象。大象也善良，也有力气，但是大象更聪明。在印度，大象是智慧的象征，佛教经常用大象来象征有大智慧的人。鲁智深也打抱不平，但是方式更机智。他听说有个外号镇关西的郑屠霸占民女，就去打抱不平，痛打郑屠，出手太重，把郑屠打死了。一发现郑屠要死，自己可能会吃官司，鲁智深就指着他说“你敢诈死，洒家回头和你理论”。然后脱身而去，收拾包袱走路。这是李逵做不到的。

《水浒传》是施耐庵的想象产物，虽然施耐庵不曾听说过“人格意象分解”理论，不过他写的人物却非常符合这个理论。鲁智深的武器也非常符合“大象”的意象。鲁智深的武器有两种：一是禅杖，二是两把戒刀。正可以象征大象的一条长鼻子和两颗尖牙。就连鲁智深倒拔垂杨柳这件事，也反映了他的动物原型是大象。世界上除了大象，还有什么动物可以拔起大树来？

辨别一个子人格的动物来源，可以从行为细节来判断，也可以从外表、服装上来判断。人格意象分解后，要记录每个子人格的衣服颜色和质料，这就可以启发我们对动物原型的想象。一般来说，子人格的衣服颜色和他的动物原型的皮毛颜色是一致的。

举一个例子：有位女性来访者想象中有一个子人格名字叫建峰，男，60 岁，1.80 米高，牦牛绒毛衣，V 形领，性格是本分厚道、乐观、勇敢、积极、情绪不稳定、内心善良、不大会交际、不很圆熟、比较实在、性子直、宽容，他不喜欢别人的时候别人会看得出来。

这是一个由什么动物演变而来的人？很明显，是牦牛。牦牛绒的毛衣，就是他变成人后露出的动物痕迹。再看他的性格，“本分厚道”最适合形容牛类，“不大会交际、不很圆熟、比较实在”也适合牛类，“性子直”是牛类，“内心善良、宽容”也是牛羊等食草动物的特点。只不过我不知道“情绪不稳定”所指的是如何不稳定，是“有时发牛脾气”，还是其他表现得不稳定？另外，“积极”是什么含义？是不是掺杂了其他原始意象或有污染？

芳是我们提到过的一个子人格，像多年前的热播电视剧《渴望》中的刘惠芳，女，40 多岁，乳白色围巾、浅色羽绒服，忍辱负重、运气不好、不愉快的表情。性格善良温柔、对家庭和孩子负责、传统、平凡，喜欢正常家庭生活，不喜欢浮华。

她是什么动物化身？从性格上，显然是一种温顺的草食动物，牛羊鹿类。而“乳白色围巾、浅色羽绒服”告诉我们她很可能是“羊”。围巾的颜色就是羊毛的颜色。

再举一个例子。某女来访者的子人格中，有一个叫虎哥，男，30岁，皮夹克、高筒靴、威武、眼露凶光，他喜欢喝酒，爱支配、攻击人，讨厌别人违背他的意愿。他脾气急躁、心胸狭隘、报复心极强、具有攻击性。这个人格显然是“虎”转变的。因为在他身上，动物的特点非常明显，名字就叫“虎哥”，性格有虎的攻击性、威武。外表上，皮夹克就是虎皮变的。但是，心理健康的虎不应该是这个样子，不应该“心胸狭隘”，所以，她的“虎哥”形象是有污染的。因为心理障碍污染了这个虎的原始意象，把一个大气磅礴的虎污染上了“狭隘”。

No.7 子人格中的人物登场了：代表你的品质

原型会以人的形象出现在子人格中。例如，权力原型往往体现为“帝王”“权威者”“严厉的父亲”等形象。

子人格最主要的形象是人。常见的人物形象，或者是某个原始意象，或者是两三个原型结合出来的意象。因为原始意象是普遍存在的，因此也就会常常出现在人们的想象中。

当原型以人的形象出现时，权力原型往往体现为一个“帝王”“权威者”“严厉的父亲”的形象。

举一个例子，某女性的子人格中有这样一个子人格。他的名字叫大牛，是家中的父亲，50 岁，穿的是蓝衣服、黑鞋，黑头发，他的神态严肃，农民模样。他所喜欢的是规矩的孩子、文静的孩子。他的性格是权威性的，很自我中心，要管着别人。他站在门口，大家都怕他，停止了欢笑。

这个子人格就是在权力原型基础上产生的，结合了其他的一些原型，以后又受到了“污染”，不是很纯。

纯粹的权力原型是“天生的王者”，他非常自信，非常有权威感，非常有力量。当得到拥戴的时候，他会保护帮助别人；而当别人背叛时，他会非常愤怒。接近纯粹权力原型的人物有莎士比亚戏剧中的“李尔王”、《圣经》中的摩西等。

我们辨别一个子人格是不是源于权力原型，主要是看他是不是关心权威感，是不是喜欢让别人服从、讨厌别人不服从自己。另外，源于权力原型的子人格常常手里有一根拐杖一类的东西，它象征着“权杖”。

巫术原型以人的形象出现，就是女巫、巫师、魔法师等形象。他们最大的特点就是神秘，一种仿佛可以催眠人的眼神，一种仿佛可以催眠人的声音。来源于巫术原型的子人格，主要从眼神辨别。

英雄原型转化为人，当然是一个英雄。勇敢、强有力、自信。如果想知道他的样子，可以看看小说《约翰·克利斯朵夫》中的主人公，他就是英雄原型的典型化身。他的所有特点和英雄原型都符合。我想，正是因为这个原因，这个人物形象才成为经典。项羽也是一个很好的例子。《水浒传》中的许多人物都是英雄原型的变形或英雄原型和其他心理内容结合的产物，其中最接近英雄原型的典型形象是武松。

英雄原型的辨别要点是：他们身材健美，强健而不笨拙，智力也不低。

儿童原型表现出来，是各种各样的儿童。下面举一个例子。这个形象也是一个女性的子人格之一。她是叫晶晶的小女孩，六七岁，穿红色绸子羽绒服，帽子有边毛，穿着小皮鞋，戴着五指并拢的手套，很天真、可爱、活泼而文静。

智慧老人原型在以人的形象出现时，往往是白胡子的老人形象。有时，他会借用各民族特有的形象，如诸葛亮、阿凡提等。胡子是辨别的主要依据，没有胡子的智慧老人是极为罕见的。

大地母亲原型、巨人原型也常常以人的形象出现。巨人原型反映为人物和英雄原型一样勇敢，比英雄还要高大健壮，但是比英雄笨拙。

也有些人物的形象并不是那么鲜明、典型。他们就像是我们生活中随时可以见到的各种各样的人。有的内向一些，有的外向一些，有的活泼，有的沉稳。这些都是多个原型组合后的形象。

例如，一个女性有一个叫作白云的子人格。她情感丰富，20 多岁，青春活泼、有现代感、有朝气，穿流行的牛仔裤。她有很多朋友。这个子人格就不是某一个单独的原型，而是几个原型的结合。但是，根据“白”并且“有朝气”这个特点，我们知道至少她部分来源于“太阳原型”。

另一个女性的子人格中有个“大姨妈”，她 50 岁左右，穿一身深蓝色套装，为人正统、严肃、刻板，做事过于认真，缺乏活力，缺乏激情和灵活性，没有创造力。她工作努力、生活单调、与人交往很少，令人感到生硬、冷淡，但人并不坏。她内心压抑、爱指责，对现状不满，令人望而生畏、生厌。这个子人格也不是某个单独的原型。不过，我从她的努力认真中，怀疑这个子人格来源于“牛”的意象。

小说中的人物，归根结底是作家所想象的产物，不是作家自己的子人格，就是生活中遇到的其他人。有些人物是不典型的，而有的人物非常有典型性。这些典型性的人物形象非常容易得到人们的共鸣。在我看来，几乎可以说这些典型人物形象都和人的原始意象很接近。正因为他们接近原始意象，才会和很多人心中的原始意象接近，才会引起人们的强烈共鸣。而那些不典型的小说人物形象，就等同于这些不那么性格鲜明的子人格形象。

在有些人做人格意象分解的时候，其子人格会是小说电影中的人物。这表明来访者对这个小说人物很认同，也就是说，他/她的某个子人格的性格和这个小说人物的性格很类似。

我有个学生是一个很聪明的女性，名字叫叶前，平时的主导性格是和善而温和的。不过她也有很“性情”的一面，热情而自由。在做人格意象分解时，她的一个子人格是“叶塞尼亚”——一个电影中的人物，叶塞尼亚的性格刚好可以反映叶前的这个性格侧面，而且也刚好姓“叶”。潜意识的设计，真的是很巧妙。

我们要分辨一下，叶塞尼亚又是来源于什么原始意象呢？我感到她来源于神中的爱神维纳斯，是动物中矫健的豹子。看过电影《叶塞尼亚》的人，我想会同意我的判断。

No. 8 子人格中的动物登场了：代表你的气质

动物往往代表一个人天赋的素质、神经系统的特点，或叫气质。

在人格意象分解时，绝大多数人都会出现一些动物的形象。这些动物也是子人格。动物无须辨别来源，我们只需要知道这种动物的象征意义。

动物往往代表一个人天赋的素质特点、神经系统的特点，或者说是气质。气质是性格的基础，所以我们知道一个人的子人格中包含几种什么动物，就可以大致知道他的性格。就像前面所说的，鲁智深和李逵都勇敢，但是他们的勇敢方式是不同的。因为鲁智深是“大象”，他的勇敢中有智慧，他的勇敢是因为心理力量非常大，所以有安全感。大象虽然不战斗，也没有哪一种食肉动物会想到去吃大象，所以大象有一种从容不迫。鲁智深的勇敢就是这样的从容不迫。而李逵是“牛”，牛的勇敢是“视死如归”的勇敢，是不顾一切向前猛冲的方式。

对一个动物究竟象征什么，是由经验做出的总结。因为给很多人做过人格意象分解，见过很多动物，所以对各个动物所代表的特点有了很多体会。

世界上的动物种类众多，子人格中的动物也有不少。每一个动物都可以做大量的细致分析，可以分辨这个动物和其他动物心理的不同。我教学生的时候，很多时间是用在讲这些动物意象的。在本书中不可能很详细地讲。对动物意象的分析，可以参考我的另一本书《自知》。

根据经验，如羊、鹿、羚羊、兔子等较弱小的食草类动物，所代表的性格特点主要是温和、善良、内向、老实等。有这样的子人格的人一般比较内向，敏感细腻，缺点是比较胆小。鸽子、一般的鱼在性格上和这些小食草类动物相似。但是，如果细细分辨还是可以发现这些动物之间的细微差异。例如，羊更强调温顺，而羚羊更强调的是活泼。

大型食草类动物（如马、牛、大象等）性格和小食草类有相同的地方，但是也有所不同。例如，马就代表比较外向、张扬、洒脱的性格。

猫科动物共同的特点，是两重性性格。有妩媚的一面，也有威猛的一面。猫是小兽，象征的心理力量比较小，妩媚的一面表现得比较多，所以代表的性格是比较富有情感的。但是即使是猫，也有很厉害的一面。虎是猛兽，更威猛，但是在人来说，有虎的子人格的人，更多的是坦率、真诚、纯洁、开朗、勇敢。是那种让人感到“痛快”的人，例如，武松就是这样的人，可以把武松比作虎中之王。狮子和虎的区别就在于社会性更强，虎主要是英雄原型的化身，而狮子则是英雄原型和权力原型的结合。即使是狮子这样的大兽，实际上也有妩媚的一面，有“狮子”子人格的女性，是那种妩媚起来光彩四射的女人。

鸟类大多象征自由、美，猴子象征活泼，狗主要象征忠诚，狼象征攻击性，鹰象征骄傲和孤独……

有一些动物代表神秘、直觉，这些动物包括蝙蝠、乌龟、蛇、黄鼠狼、猫、蜘蛛等。子人格有这些动物，这个人的性格中就会有爱好神秘的一面，或者会直觉比较好。如果心理发展得不好，这样的人会变得比较“阴”；而如果心理发展得好，这样的人对心理的洞察力很好，会成为很好的艺术家或者心理学家。

青蛙、虫子等小动物往往代表的是自卑、抑郁等。看下面这个例子。一男性做人格意象分解时出现了毛毛虫Nick，棕色、相貌极丑、极恶心、小、不停地爬。这个虫子很孤独，有一点伤心，希望与人交朋友，宁可被踩死，也要爬出来，让大家注意它。

各种昆虫所象征的性格区别很大。

蝴蝶象征着自由、美、性爱和爱情，也可以象征死亡，因为死亡是最大的自由，也是性的极致。蝴蝶还可以象征“不现实的事物”、精神世界的事物，因为它的形体非常单薄，甚至可以认为它没有肉体。

传说中出名的蝴蝶，一是庄周做梦变成的那只蝴蝶。庄周说：“我做梦变成了蝴蝶，翩翩起舞，究竟是我庄周做梦变成了蝴蝶，还是蝴蝶做梦变成了庄周？”庄周为什么用蝴蝶这个意象，不用其他动物，这不是偶然的。他是道家代表人物，道家的思想强调自由，不厌恶死亡，把生死看作一样的。蝴蝶恰好适合表达这样的思想，蝴蝶是自由和死亡，而死亡是很美的。另外两只“历史名蝶”是梁山伯与祝英台所变。他们因爱情受到阻碍，先后殉情。这里的蝴蝶包含着自由的意义——他们生前不能自由结婚，而死后自由地在一起，这包含性爱和爱情的意义，更包含着死亡的意义。

蛾子也可以象征精神世界的事物，和蝴蝶象征意义颇有相似之处。它也可以为爱情而“飞蛾投火”，只不过在美感上它比蝴蝶稍弱。蛾子灰暗的色彩象征着它比蝴蝶自卑，有一点抑郁。

一个人的子人格中有什么动物，可以在他的行为和外表中有相应的反映。例如一个人的穿着偏好，就和他子人格中的动物有关。“虎”喜欢休闲装、夹克等服装，“蝴蝶”喜欢穿裙子或鲜艳的服装。还有，一个人如果喜欢唱歌，他的子人格中往往会有一个“嗓子好”的动物：吼声响亮的狮子、啼声婉转的小鸟、鸣叫声大的青蛙等。

在子人格体现为动物时，其所代表的性格和物质世界中真实动物的性格是不同的，而与传说和童话中的动物性格一致。例如，鲨鱼在传说中是一种非常残忍的动物，但是动物学家的研究表明现实中的鲨鱼并不残忍。在做人格意象分解时，如果有人想象自己有鲨鱼的子人格，一般认为他的性格中有残忍的一面。

还有子人格可能不是现实中的动物，而是一些传说中才有的动物，如龙、凤凰、麒麟、独角兽等。实际上，传说中的动物正是古人创造的心理意象，就是为了表达对一种性格的感受而创造的，所以它们的心理意义非常清晰。龙、凤凰、麒麟都是几种不同动物的特点集中起来形成的一种新的动物。在心理学意义上，它们是弗洛伊德所说的“集锦形象”，代表的是几种特点的整合。在《自知》一书中，曾经详细分析过凤凰的意象。这里再分析一下麒麟。

我曾经做过一个梦，梦中见到了一只麒麟。在梦中，它主要是由两种动物变来的：一是大蟒蛇，二是鹿。蛇是直觉的象征，象征着神秘的智慧；大蟒蛇很大但是无毒，象征着心理力量很大而且没有攻击性。鹿是善良、温和、谦逊的象征。它们结合后形成的麒麟象征着善良、温和、有洞察力、有智慧、心理力量强、没有攻击性。用孔子的君子的标准——“温良恭俭让”来衡量麒麟，除了“俭”这个特点没有发现外，其他四点都符合。难怪孔子也把自己比作麒麟。麒麟这个意象可以说就是儒家性格最准确的象征。

No.9 和心理障碍有关的子人格：死神、恶魔、鬼

死神与魔鬼是死亡本能的化身。不同类型的鬼，象征着不同消极情绪或不良的行为方式。

一个人给自己做人格意象分解，竟然发现自己的子人格中有鬼怪，这似乎是很可怕的事情。不过，这样的事情实际是很常见的。各种鬼都来源于很少几个原型：死亡原型、恶魔原型、巫术原型。我们需要做的分辨是，分辨不同的鬼来源于哪个原型，或者这些鬼象征着哪些心理障碍。

弗洛伊德说人都有一个死的本能。在人的一生中，死本能都在努力追求着让这个人走向死亡。这是一个不招人喜欢的本能，不过它也是必要的。假如这个世界上的人都可以长生而不死，我们也许到现在还在秦始皇的统治下生活着。而且，秦始皇累积 2000 多年的统治经验，专制的手法炉火纯青，我们恐怕也很难战胜他。死亡和新生构成了生物界的循环，让生命有了活力，死亡是生命所必需的。

作为死亡原型化身的子人格，有的时候是令人恐惧的、相貌可怕的，有的时候是严肃的、端正的，很少有令人喜欢的样子。他们出现后的名字有阎王、死神、鬼、无常等。

恶魔原型和死亡原型经常会结合在一起出现，不过实际上，恶魔和死亡是不同的本能。恶魔代表的不是死亡，他代表着强烈的攻击性和仇恨，代表着叛逆。当我们善的观念中存在着错误时，恶魔就会给我们一个补充。例如，当善良的人都表现得很软弱的时候，恶魔就会表现得很强大，很有力量。当过分推崇谦虚，以至于谦虚变成了虚伪的时候，恶魔就会表现他的骄傲。当过分推崇纯洁，以至于纯洁变成了禁欲主义的时候，恶魔就会鼓励人们放纵自己，特别是放纵性欲。

恶魔原型也常常和巫术原型结合，构成“有魔力的”魔鬼形象。恶魔出现的样子，可以很丑恶，也可以是衣冠楚楚。

死亡原型和恶魔原型都有可能以鬼的身份出现。不过，鬼主要还是一种压抑的产物、一种长期积累的消极情绪的化身。鬼与死亡原型和恶魔原型不是在一个层面，死亡和恶魔是更基本的，而鬼是更具体的。

很多人在做意象对话或者做人格意象分解的时候都会见到鬼的形象，想象中的鬼大致有以下几个类型。每种类型的鬼象征着一种消极情绪或者一种不良的行为方式。

白衣女鬼类，一般是一身白衣，长发，脸色苍白，走起路来像是在飘着一样。这样的女鬼是抑郁情绪的化身。苍白的衣服表明她们没有生命力；飘着走路表明她们不“脚踏实地”，缺少现实感，喜欢幻想；而长发象征着她们需要缠绵的感情。这类鬼在抑郁症患者的想象中常见，在鬼故事中也是常见的一种。

厉鬼类，样子凶恶，长牙和血是他们最常见的特征，象征着愤怒。

凶鬼，样子凶恶或可怕的鬼有的是外强中干的，他们的凶相是为了吓唬人。

淫荡的鬼在化装后，形象是很迷人的，但是如果他们的原型出现，则相貌很龌龊。例如，身上会有虫子和肮脏的浆液。他们是性心理障碍的象征。

吸血鬼，长着长牙的吸血鬼也可以变出很漂亮的相貌。吸血象征着在情感上对别人的剥削。

胆小鬼、可怜鬼则是一副可怜样。

死神、恶魔和鬼这些形象之间经常会结合，即使没有结合，他们之间也很相似，很容易被混淆。在培训意象对话心理咨询师时很重视让他们分辨想象中这些不同的意象或子人格。因为不同的意象或子人格所代表的性格、需要、本能、情绪都是不同的。

这里举几个例子，简单讲一下如何分辨：

他在半空中，满脸是血，他沿着楼梯上楼去。这个魔鬼在诅咒，他的诅咒沾在我的脸上。楼上满是死人的骨头，阴暗肮脏。魔鬼在煮毒药，用的是童话中巫师的那种大锅，毒药沾在了我的手上。

这意象是死神的化身吗？楼上的死人骨头表明和死亡有点关系，至少这象征着这魔鬼使人的生命力减少，但是这个魔鬼所做的事情并不是把主人公带向死亡。所以它虽然包含死亡原型的因素，但是不是死亡原型直接的体现。

那么，他是恶魔原型吗？他并不愤怒，不过他的肮脏是一种反叛，对“纯洁”的反叛。所以恶魔原型的影响存在着，不过，它也表示恶魔原型的直接象征形象。

他虽然有血，但是也不是厉鬼，因为他没有明显的愤怒。

实际上，他是“淫荡的鬼”。这个意象是一个女孩所想象出来的，这里的“血”代表着女性的经血，而锅中的脏水代表男性对她表现出来的性欲。

有位女性想象出的子人格中有这样几个鬼：

菊花，是一个无形鬼。穿着小花衣服，忽隐忽现，飘忽不定，不说话。

黑牙，女鬼，约 30 岁，穿黑色西装、脸煞白、龇着牙、身材高挑、帅气、头发像燃烧似的炸起来。张着嘴，露出两个门牙，很厉害。

鬼，绿色，龇牙，吓唬人。

菊花是白衣女鬼类的抑郁象征，黑牙是厉鬼类的愤怒象征，而那个绿色的鬼则是外强中干的凶鬼。知道了鬼的性质，就可以知道来访者的心理需要怎么调节。

No. 10 子人格中的神：神灵、菩萨、佛

大力神赫拉克里特是英雄原型的象征意象；寿星是“老人”的象征意象。

荣格提出过恶作剧精灵原型和上帝原型。在人格意象分解的时候，恶作剧精灵原型的化身有顽童、哪吒等意象。而上帝原型出现时，就是出现“上帝”或其他神的意象。

上帝的意象有时是一个人的样子，有时不是人的样子，有可能是一道光，也有可能是雷声一样的声音。有时并没有任何有形的样子。

被上帝原型占据的人有几种。有夸大妄想的精神病人是一种，他们完全成为这个原型的俘虏，而且他们混淆了物质世界的现实和心理现实，他们误以为上帝是“在天上什么地方生活着的一个生命”。还有一种人，在表现上和精神病人不无相似之处，这就是宗教信徒，如圣女贞德等，他们和精神病人一样相信上帝是一个个体化的生命。假如还保持在这个物质世界的现实性，他们会有一种激情和创造力，还有一种正义感，反而成为格外优秀的人。

荣格对上帝意象的描述非常准确，而且他也非常准确地描述了当一个人被上帝的原型所占据时的心态。我相信荣格自己也是曾经和上帝这个意象有过直接接触的。有一个证据是，在一次演讲

中，有女士问荣格是不是相信上帝，荣格说“I am not believe him, I see”。“I see”这句英语的字面意义是“我看见”，引申义是“我知道”。有人把它翻译为“我知道”。因为他们觉得荣格不可能“看见”上帝。而我相信他的真实的意思是“我看见”。如果他没有看见，他不可能那么了解上帝这个意象。不过，荣格既不是精神病人也不是先知，他是科学家，所以他有一种很独特的态度。看见上帝意象，但是知道这是一个意象，是心理现实而不是物质世界中的现实存在。

一个人的子人格中有上帝意象，代表着他有非同一般的创造力，非同一般的自信、勇敢和博爱。但是，有这个意象未必是这个人的幸运。假如这个人迷信，或者假如这个人不敢承认这与众不同的天赋，这对他是非常危险的。

在子人格中出现其他神灵，往往是一种原型相对比较纯粹的化身。例如，大力神赫拉克里特是英雄原型的象征意象；维纳斯是性和美的结合，是阿尼玛的象征意象；寿星是“老人”的象征意象。

有人的子人格中出现了“土地公公”，一个小老头，很老，拄着很小的拐杖，像一个小瓷人。基本色彩是土黄色，衣服和装饰花里胡哨，他主张和为贵，爱调解纠纷。这个子人格在原始意象上来说，应该源于部落中裁决纠纷的酋长，拐杖应该是他的权杖。只不过和威风的酋长或者说王者相比，这个老人个子和威力都比较小。“土黄色”衣服是土地的象征，所以也包含“大地母亲”的成分。正因为有大地母亲的成分，土地公公比较包容，喜欢和平。这个形象是一个很常见的原始意象，他的名字是“和事佬”。

菩萨也是东方的来访者经常会有的子人格。试看下面的例子：

观音，女，细眉细眼，像瓷瓶。手中有一个瓶子，瓶中的水向后喷，后面有一朵莲花。菩萨的衣服亮亮的，像光导纤维，底色是白的。在普降甘霖的时候，怕被别人碰脏。性格是大慈大悲的，还有一点高傲。

珍珍，菩萨，女，22 岁，正规正统的朴素衣裤。喜欢帮助他人、被人称赞，讨厌背信弃义之徒。性格仁慈、宽厚、通情达理、慷慨、乐于助人、为他人着想。

这两个菩萨的意象都是被“污染”的，作为原始意象的菩萨不会“怕被别人碰脏”，也不会“高傲”。而第二个珍珍菩萨被“污染”得更多，她的助人是为了“被人称赞”，而不是纯粹的助人行为。

佛的形象偶尔也会出现,虽然这个形象中包含了佛所象征的智慧、慈悲等意义，不过我们所想象的佛都或多或少受到了“污染”。

No. 11 子人格中的无生命存在：植物、矿物或器物

在人格意象分解中出现的植物、矿物和器物，同样是一个人性格特点的象征。

植物、矿物或器物等不像动物和鬼神一样可以拟人化，把它们叫作“子人格”似乎不大合理。不过，从它们在人格中的意义上，它和人的意象、动物或鬼神的意象并没有什么差异，所以还是称之为“子人格”。

在人格意象分解中出现的林木花卉，也都是这个人性格特点的象征。松柏是坚强，桃花是浪漫。下面是在实践中遇到的几个例子。矿物中，最常见的是各种晶体或玉石。

有一颗大珍珠，凤凰先叼它，但是叼不动。仙鹤叼起来了，把

它给了寿星。

有一辆奔驰的白色马车（不是马拉出来的，是这个马车自己跑出来的），不华丽但是整齐，欧洲古典式样。它是演出用的，木轮，帆布罩。马车里面没有人，只有绿毯子。

在盒子里有一颗绿色的大珠子。

黑色玉石枕，质地不错，但表面光泽不够。在使用的过程中，会因为使用的打磨而现出美丽的光泽。

绿色的水晶，长的晶体，浇水就可以生长得更长。

……

如果把人格说成是层状的结构，这些东西大多是在更深的层次，在比人、动物和鬼神都深的人格深层。这里的珠子、水晶和黑色玉石实际上都是一个重要的原型“自性”的象征。

组成子人格的意象非常多，所象征的东西也非常多，这里不一一列举。荣格的弟子为了一个 great mother 的意象就写了厚厚一本书，在我看来，他没有写清楚的东西还为数不少。他为“猫”“狗”“马”三个意象又写了一本书，而这本书的解释就更不全面。我们所遇到的数以百计的意象，在本书中不可能都写完。如果我幸而有寿，或者我有足够的学生，我希望可以写一套丛书，把各个意象的意义做详细的分析。

学习人格意象分解的人，最好是多读书，包括神话故事、童话和传说、经典的小说等，对绘画、电影、艺术等也应该多涉猎，这样对各个意象的意义就比较容易了解。遇到一个意象，可以参照这些文本进行分析。

荣格用炼金术比喻人格的整合，真是太恰当了。化学来源于炼金术,所以用化学方法来研究子人格和它的相互作用简直是天衣无缝。

子人格有的可以拆分，到了一定程度就不可以拆分了。一个不可以拆分的子人格可以说是一个分子，也就是能独立存在的最小的单位。

但是我们看到不可以拆分的各个子人格之间还是有一些共同的元素或者不同的元素。根据这些元素可以把子人格分成不同的类别。这些元素不是人格中独立存在的结构，而是我们去分析子人格时用的形象化的“概念”，也是组成子人格的“原子”。而不可以拆分的子人格则是这些“原子”单独或结合后的象征形象。所以，还可以做一种分析，就是找到一些“元素”，把各个子人格看作这些元素结合后的产物。

分析心灵的元素可以分维度：一是价值维度，该元素面向的是什么基本需要的满足？或追求什么价值？物质世界的根本维度是生和死。精神世界的维度是大智慧或称觉悟，对立的层面是迷。二是品质的维度，如大智慧的品质在我们的体验层面上是极乐、爱、自由等不同的事物。一个生命的品质包括力量、智力、灵活性、耐力等。三是衍生的需要，也就是为了实现养育、领土、地位、归属等，是生的基本价值衍变出来的需要。人种存活是一种价值，而为了让人种存活下去,需要有性、需要养育等,这些需要虽然已经含有手段在,但是还可以归于目的。死的基本需要也有次级衍生的需要。四是行为维度，根本的精神行为是创造，人为了生存而选择的行为包括攻击、顺从、回避等。

Part 08 心灵世界的神奇力量：心灵元素分析

No. 1 价值性的元素：子人格为何而活

价值维度回答的是某个子人格为什么而活？如追求爱、觉悟、智慧等。

人活着为什么？根据回答的不同，可以知道某一个子人格的价值，从价值角度可以大致说，子人格中元素有这样一些种类。

为了精神的目标而活的子人格包含以下一些元素：

（1）爱：在菩萨、圣母、月光女神等子人格中存在。不论哪个子人格，只要有爱这个元素存在，就会有所体现。爱体现出的形态是温暖、是和谐的音乐、是光明与纯净的色彩、是融合、是开放。爱是宇宙最基本的品质。爱是心理能量的来源。纯净的爱是一种有力量的、喜悦的感受，是对世界和他人的感同身受，它打破了人我之间、人与自然之间的疆界。心理咨询与治疗需要“共情”，实际上共情就是爱的表现。在爱的量不够时，它只好和其他的元素结合而存在，这样的爱纯净性减少了。它可以和“性”元素结合成为爱情，和“关怀”元素结合成为母爱和亲情，和“王”元素结合成为怜爱，和“温暖”元素结合成为友爱，等等。爱和任何元素结合，都可以形成一种美好的事物。即使是和“死亡”结合，也可以使死亡变美好，变成对人生痛苦的解脱；即使是和“灰暗”结合，也能够成为“怜悯”。

（2）觉悟和大智慧：在佛、菩萨、智慧老人、神仙等子人格中存在。体现出的形态是光明、是极度的快乐、是大笑、是自由、是智慧、是力量、是无所畏惧。觉悟是宇宙能源的另一个形式，和爱可以说是一体两用。如果要分辨爱和觉悟，可以这样分辨。爱要先有一个他者，这个他者是我爱的对象，然后有融合。觉悟是先有一个“迷惘”，是“我”认识的对象，然后有觉悟。爱和觉悟是通过不同的道路到达同一个境界。肉体的价值是生与死，在肉体上活着的人都会涉及生死问题。

（3）生命：生的本能大多是通过从它衍生出的各个元素而体现，而不大会直接出现一个代表生命的子人格，原因也许是因为我们的整体就是一个生命。有的人会有“蛋”的子人格，它往往代表着潜在的生命力。当生命出生后，它就表现为种种具体的有生命的形象。有时会体现为脸上的血色、母亲的奶水等。生命力强，可以上到与宇宙的“创造”相同，但是一般来说，生命力还达不到这个境界。生命力弱，则死亡会代替生命。

（4）死亡：死神、地狱、魔鬼、鬼、大母神等子人格中具有的能量。绝大多数时候是黑色的。有时也是白色的，白色代表失血的苍白。

声音是低沉的，有时是有诱惑性的。死是诱惑，是用安宁作为诱惑，是用放弃来诱惑。死亡是毁灭，也是收获。在广义上，死亡也是生命的一种形式。不过，一般来说，死亡是生命的对立物。

No.2 品质性的元素：子人格的内心体验

品质性的元素是由体验而生，包括快乐、自由、力量、活力、担当等。

品质性的元素是由体验而生的，包括下面这些：

（1）快乐：酒神、弥勒佛、快乐的精灵、快乐儿童等子人格中存在。最大的快乐是大智慧的品质，是得到了爱和觉悟的快乐，这个快乐是无与伦比的，是没有条件的。快乐存在，而人只是被快乐所占据，是最大的快乐。王阳明所说的“大乐”也属于这一类。某作家在描述快乐情景时说：“我已经没有了自己，怎么还知道我是不是快乐？”这忘了自己的快乐，也是大快乐。次一等的快乐是知道自己快乐，而快乐不源于外在条件，只源于内在的条件。源于自信、源于自爱、源于自我肯定、源于安全感或者源于生命力。这就是古希腊哲学家所说的“德行带来的快乐”，也是孔子所说的“君子坦荡荡”的快乐。做君子，修养自己的品德，这个快乐是声色犬马的快乐所不能比拟的。虽然不如极乐，也是很大的快乐了。平常的快乐是需要条件的，不仅需要内在的条件，还需要外在的条件。我们必须有所得才可以快乐。快乐的形态可以体现为笑、玩、飞翔、奔跑等动作，或者彩虹等鲜艳的景象。

（2）自由：在济公、野猫、鹤、隐士等子人格中存在。体现的形态也是以飞翔为主（和快乐有重合，因为自由是人最大的快乐），是宽松的衣服线条、是流水和风一样的轻盈感觉，色彩应该以白色为主。最大的自由也是大智慧的品质之一。不过一般来说，它只是象征着人的意志的本能，是一种不受拘束的需要。如果自由受到阻碍，就会由积极的自由转变为消极的自由。消极自由体现为一种反抗、倔强、不服从。例如，不听话的孩子有时候会故意和父母、老师作对，这就是消极的自由。某女性有个子人格叫“不”先生。他30岁左右，穿黑衣裤，肤色也比较黑，身高1.70米左右，很理性。别人说什么他总要说不。这就是一个消极形式的自由元素。他身上的黑色是恶魔给的。恶魔也是在追求自由。实际上他拥有的自由是非常少的，正是因为内心太缺少自由，他才去刻意追求。

（3）力量：英雄、强盗、黑社会老大等子人格中具有强的能量。它是人对生命力的体验。形态是重的、巨大的，直的运动、响亮的声音，火一样的形态。但是，它是自己燃烧，而不是和一个性对象一起烧，这一点是和“性”元素不同的。它的颜色和“性”相似，也是红色或者黑色，但是没有淡红。

（4）活力：小猴子、精灵、调皮小丫鬟、快乐骗子等子人格中具有的能量形式。它是人对生命活力的体验。形态是轻盈的、苗条的，声音是快的、灵活的。色彩是浅色调的。是风和流水一样的能量，是游戏本能的体现。

（5）承当：牛、大力神、熊、力士等子人格中的能量形式，也是大地的能量。它是人对生命耐力的体验，石头和山的感觉。颜色是棕色或土黄色，或者黑色。声调是厚重的（但是不是神秘的）低音，形状是大块的，运动是缓慢的。

（6）聪明：透明、透彻的品质。存在于书生、王子、天才儿童、智慧老人等子人格中。我们形容一个人“冰雪聪明”，是因为冰雪的干净或透明正是聪明品质的最好的形态体现。为什么一个人会聪明，不是因为他复杂，而是因为他纯净、无污染；他像一面擦干净的镜子，所以透过他看到的东西是最真切的，是知觉的本能。聪明是静态的，所以有“大眼睛聪明而身体很弱的儿童”。

（7）阳光：生命阳性的体验。是阳光一样的能量形式，或者说是阳性的能量。它是坦诚品质的体现。太阳神、王子等子人格中的能量。色彩是白色的；情绪是快乐的、喜悦的；态度是开朗的、明快的。阳光是不转弯的，所以它代表的是坦诚的、开放的态度。

（8）神秘：巫、猫、蛇、蝙蝠等子人格中具有的能量形式。色彩是带蓝色调的，也可以有紫色。是夜的能量。声音是低沉的、柔和的催眠性的声音。运动是无声的轻飘飘的，是直觉力的体现。

（9）宁静：存在于宁静的少女、和尚等子人格中，是静的状态，对生命定力的体验。

（10）安全感：在高僧、猪等子人格中存在。最大的安全感也是大智慧的品质之一。禅宗常提到“安心”，安心就是找到绝对的安全感。一般的安全感是有条件的安全感，如有人可以依赖时的安全感。有的儿童子人格可以有这样的安全感。消极的安全感是“猪”的安全感，是通过“无所求”而得到的。虽然“猪”在知足常乐上的表现几乎和开悟的禅师区别不大，但是实际是不同的，“猪”的无所求不完全是建立在觉悟的基础上，还是由于意志减弱、回避和自我压抑而得到的。

No. 3 衍生需要元素：子人格的基本需要

在人的生命本能基础上，会衍生出关怀、性、积蓄、好奇等需要。

在人的生的本能基础上，衍生出以下这些元素：

（1）关怀：来源于人的养育本能。客体关系学派的成就就是把它和性本能区分出来了。关怀是生命的滋养，是水，也是轻抚、支持、拥抱等。它可以表现在少女的纯洁上、母亲的温柔上。和敦厚稳重结合就成为母亲的宽容，和性结合就成了少女的柔情。关怀和爱是不同的，爱是无分别的，而关怀是有分别的。在根本上是对自己子女的关怀，可以推广到自己的亲人、朋友和熟人，在推广到“天下一家”的时候，它会发生质变而变成爱。在质变前，它不是爱，至多可以说成是爱蜕变前的产物。

（2）性：妖女、怨妇、色鬼、蛇、女巫、情种等子人格中都具有性能量。性能量的形态是柔和的蛇行运动、轻声、轻抚，强的性能量的形态是火一样的激情、纠缠、吞食等。性能量的色彩是淡红色、紫色或者黑色的。性的另一个形态是水的形态，表现为雨、河水等。性是男女的结合，而这个结合是“自我”的丧失，因此必定有阻碍，就像身体需要保护自我，有免疫机制一样，心理也有保护自我界限的保护机制，对死亡的恐惧就是一个保护机制。性是自我的死亡。性能量很强的时候，会冲破保护机制。所谓为了性，死也不怕。也可以结合爱，为了爱情死也不怕。性能量弱的时候，需要借助其他力量，例如借助于爱，成为牺牲者；借助于温柔，成为奉献者，甚至加上借助死亡而成为受虐者。

（3）王：在虎、狮子、皇帝、老师、父亲等子人格中存在。形态上表现为威严的外表，所在的地方比较高或者坐在高椅子上、手中有杖、头上有时有王冠，自信而坚定。当王者有足够的力量时，他有保护弱者的欲望。当王者力量衰弱，或者出现阻碍时，会变为“邪恶”。金庸小说《天龙八部》中，四大恶人之首段延庆就是一个这样的邪恶之王的形象。

（4）积蓄和领土：存在于账房先生、老板、小地主、葛朗台等子人格中。热衷于积累财富。外形上要么很胖、要么很瘦。这是人和动物共有的蓄积和领土本能的表现。

（5）温暖：在所有喜欢社交、喜欢交朋友的子人格中存在。来源于人的合群和归属本能。形态上可以用拉手、拥抱等体现。

（6）好奇：在猴子、好奇的儿童、好奇的小猫等子人格中存在。源于人的探索本能。形态是运动的，东摸摸西挠挠的。如果是用眼睛东张西望来体现好奇，好奇的眼睛和聪明的大眼睛是不同的。聪明的大眼睛是静态的、被动的，而好奇的眼睛是主动的。

（7）浪漫：在诗人、少女、探险者等子人格中存在。源于感受情感的本能。它和好奇是同一等级的，明显超越或者说异化于基本的生的本能，但是还没有达到宗教境界。

No.4 行为性的元素：子人格的行为特点

行为性的元素包括创造、攻击、欺骗、顺从等，反映子人格行为的核心特点。

（1）创造：在天才等子人格中存在。创造力非常少的时候，就走向了消极的“创造”行为，即毁灭。在毁灭中也可以像在创造中一样体会到自己的力量。因为毁灭比较容易，毁灭一座大楼比建设一座要简单得多，而看起来的壮观程度似乎也差不多，所以创造力弱的人借助毁灭来找到创造的感觉。有的人创造力弱会由“积累”的需要取代，这是因为创造力可以给人安全感，创造力弱的时候，安全感少了，积累可以给人安全感。创造力弱和“毁灭”的联系是直接的，和“积累”的联系是间接的。

（2）攻击：在强盗、黑社会老大、毒蛇、鬼等子人格中存在，常用于攻击和摧毁。是一种向前的运动，用来克服障碍。

（3）欺骗：在骗子、蛇、人格面具等子人格中都存在。代表伪装的能力。无固定的形态，只是一层外壳。

（4）顺从：在美人鱼、奴隶、乖小孩等子人格中存在，是放弃和归属。声音懦弱的，动作是向下的，颜色是不确定的。

（5）逃避：在隐士、仙鹤、云等子人格中存在。形态是轻的，似乎飘起来的，具有形式美的，是幻想所具有的形态，美，但是缺少力量。隐士的宽松的袖子、仙鹤的轻盈飞翔、云的飘荡都是这种“轻”的表现。

（6）灰暗：武大郎、侏儒、乞丐、可怜的老百姓、胆小鬼等子人格中具有的能量形式。色彩是灰色的，情绪是抑郁的，形态特点是“小”“弱”“脏”。是能量压抑后，缺少能量的情况下的一个弱能量形式。物质中它相当于灰尘。逃避同类，意在苟活。

No. 5 异中有同：同一心理特质在不同意象上的展现

不同子人格意象可以反映共同的心理特质，如蝎子、美丽的孔雀和丹顶鹤三个意象中都有“攻击性”这个因子。

同样的能量，在不同的意象上出现，就有不同的品质。代表着自然所选择的各种不同的形式。例如，同样是“矫饰”这个因子，在“蛇”“狐狸”“兔子”这些心理意象上都存在，而且都代表着一种用欺骗来获得胜利的心理能力。但是，仔细地分辨，会发现这些不同的心理意象代表的欺骗方式是不同的。

（1）蛇：代表的是一种阴性的、有耐心的欺骗。有心机的人可以长久地伪装自己，忍受难以忍受的痛苦，等待时机实现自己的目的。一个阴险的臣子就是这样，在帝王面前伪装忠诚，阿谀奉承，默默扩充自己的势力，在时机成熟的时候再突然出击，弑君自立。他们就如同一条蛇，把自己藏在树枝中间，伪装为树枝，一动不动，等猎物到了近处再突然出击。

（2）狐狸：在人们的心中代表的是主动的欺骗。能言善辩的骗子把假话说得像真的一样，让人们上当。这样的欺骗是一种机智的能力，要能随机应变，能应付种种突发的事件。

（3）兔子：象征的是一种狡黠，是一种恶作剧性质的欺骗，是设一个圈套给别人，然后自己龇着大牙偷偷笑的骗子。它的欺骗是非功利性的，就算有功利性，至多也只是为自保而不是为了得到利益。

我们很容易发现，矫饰这个因子在不同的意象中之所以不同，和不同的意象中有不同其他因子有关。蛇之所以选择这样的欺骗方式是因为它直觉好，而狐狸之所以选择主动的方式是因为它聪明机智，兔子的欺骗则是弱者获得自尊心的方法。在大自然中，不同的生命选择不同的方式，都是和自己的特点有关，是扬长避短。矫饰因子在和其他不同的因子在一起时表现方式不同，但是它依旧还是这个因子。

同样一个因子，在和其他因子组合为一个意象时，和不同的因子组合，表现出的样子也不同。

有一个来访者的人格中原来有一个子人格是蝎子。蝎子所象征的性格特点是比较消极的，她比较自卑，像蝎子一样灰溜溜的；而且因为自卑她对别人的态度比较敏感，总是觉得别人轻视她，因而常常和别人发生冲突。在一段时间的心理咨询后，蝎子这个子人格不见了。它转变为一个新的子人格——孔雀。孔雀骄傲、美丽。而且，她的想象中的孔雀有一个特别的功能，它可以守住地狱的门，不让鬼来到阳间。又过了一段时间，孔雀的意象又被一个新的意象替代，这个新的意象是丹顶鹤。

这三个意象表面上差别很大，蝎子与美丽的孔雀和丹顶鹤似乎没有什么共同点。但是，实际上它们之间的共同点是非常大的。那就是这三个意象中都有“攻击性”这个因子。

蝎子是攻击性因子和“灰暗”这个因子的组合，代表着攻击性和自卑。蝎子的毒针就代表着它的攻击性。蝎子的攻击性是阴暗的，而阴暗的原因是因为它自卑。

孔雀是“攻击性”因子和“骄傲”因子的结合，一个人把蝎子的意象转变为孔雀，就意味着她的自信心加强了。为什么说孔雀也是有攻击性的呢？我们可以对这个形象做分析，蝎子是有毒的，传说中孔雀也是有毒的，说孔雀胆是剧毒。这个象征的意义是，孔雀把“攻击性”化作自己的胆，也就是说，攻击性成了她胆量的基础。

许多自卑的人，都是压抑自己的攻击性的人。他们不敢表达自己的不满，装得很友善。而在他们心中，实际上积聚了大量的愤怒。他们最后往往用隐蔽的方式，背地里攻击别人，就像一个蝎子。而当他们允许自己表达愤怒和不满，允许自己有攻击性时，他们就会更加自信。这也就是孔雀，攻击性的“毒”转化为了自信的“胆”。

而丹顶鹤意象的意义，主要是“自由”和“骄傲”这两个因子。但是请注意，丹顶鹤头顶红色的部分，在传说中也是剧毒的，也就是所谓“鹤顶红”。这表明丹顶鹤也是有攻击性的，但是这个攻击性是更无害的。

从这里看到“攻击性”这个因子在和不同的其他因子结合时，表现的样子很不同。

No.6　性能量状态的不同：妖女与怨妇

同样的心理元素在不同子人格意象上，可能强度不同。例如，“性元素”体现在妖女身上是引诱，体现在怨妇身上是被动、不满足的状态。

同样是一个能量，在强或弱状态、初始还是结束状态，体现出一些不同。这些不同也可以反映在意象的不同上。例如，在妖女、怨妇、色鬼、蛇、女巫、情种等人格中都有性能量。但是，妖女的性是柔和的蛇行运动，是主动的、是诱惑性的，是用诱惑异性的方式得到性满足；她代表的是处于引诱阶段的性状态，是性能量比较强的状态。而怨妇的性能量是被动的、是转化为抑郁忧伤的，是代表着性不满足的表现，是一种弱的性状态，相当于男性早泄后其性伴侣的性状态；而色鬼是贪婪的、纠缠不休的，代表的是长期未被满足过的人的性状态……

更具体地说，假如“妖女”的颜色是粉红色，代表性能量是初生状态，性的火焰刚刚燃起，性能量相对不十分大；假如是深红色，就相当于更高的性兴奋，而深紫色或黑色是更狂热的状态。带有性虐待性质的，让男性有些害怕的妖女，往往是象征着接近性高潮的性状态，性能量强大而寻求着强烈的满足。紫色和黑色也可以代表性的火焰激发了但是没有得到充分燃烧时的状态。“怨”可以用性的火焰被压抑后产生的“烟”来象征。

用水来表示性的话，则暴雨洪水代表强烈的性，细雨蒙蒙就是微弱的性。

中国古代社会的礼教传统对性是有压抑的，由于这样的压抑而产生了“闺怨”类的诗词，这一类诗词中“烟雨”是一个主要的意象，这不是偶然的。

No. 7　生活经验会影响子人格意象的形象

一个人的生活经验会直接影响到子人格意象的具体形象。例如，内心形成的英雄子人格意象，往往会受到以往见过的英雄形象的影响。

个人生活中的具体经验会使意象有具体的形态特点。

不论谁说到“英雄”这个意象，总有一些共同的特点。英雄一定是体魄强健的，而绝对不会是一个瘦小枯干的样子。英雄一定性格刚毅，胆子大，而不会有胆小怕死的“英雄”。英雄喜欢冒险犯难，而讨厌平淡无聊的生活……

但是，即使一个人天赋中就有英雄的原型，在他刚刚初生时，他不可能在心中就有一个英雄的具体的画像。他只是对什么是英雄有一个大略的感觉。而当他在生活中见到、听说过一个英雄后，这个具体的英雄的形象就会和他天生的英雄感相结合，形成一个英雄的意象。而这个意象的样子多多少少会受到生活中见到的那个英雄的样子影响。

假设有一个孩子天生有英雄气质，但是生在小买卖人家，小时候从没有人和他提什么英雄，身边的人物也都是猥琐不足道的。在后来，偶然的机会，他遇到了梁山的好汉。突然心中明白，这才是自己喜欢的生活，这些人物才是自己心中的英雄。于是他心中的“英雄”意象就此显现。假如他遇到的是武松，他心目中的英雄，将会和武松有些类似，高大而端正，勇敢而又机智。假如他遇到的是另一个英雄，如李逵，也许他心目中的英雄就会多一些李逵的特点，比较粗鲁一些。

心灵的元素分析可以帮助我们了解各个子人格的意象，知道他们本来是什么元素的化身。可以帮助我们辨别出不同的意象之间的微细差别，使我们对这些意象有更准确的理解、更细腻的感受。

上面列举的这些元素是在实践中曾经遇到过的。有许多还没有发现，需要以后继续寻找和分析。这个工作就像化学家以前所做的一样，需要一个个地找出新的元素。

Part 09
子人格从哪儿来

No. 1 作为遗传潜质的存在：固有的子人格

有些子人格是在一个人一出生就潜藏在其心灵中的。例如，天性强健的儿童，也许会有一个“力量型”的子人格，也许是“英雄”，也许是“强盗”，也许是“黑社会老大”。

有一些子人格是“固有的”，也就是说，这些子人格是在一个人一出生就潜藏在他的心灵中的。一个人子人格中的多数是固有的子人格。

在 90 年前，行为主义心理学坚决反对人和人有天赋的差别，华生等坚信人和人生来是一样的，而性格的差别是后天教育和学习的不同造成的。这是“人人生而平等”这一信念在心理学界的反映，而且行为主义的这个信念是一个误解——“人人生而平等”并不是因为“人人生而相同”。生理上，人和人生来就不一样：肤色有白有黄有黑，个子有高有低，而且对疾病的易感性也不同。同样没有理由说在心理上人和人就完全一样，没有天赋的差异。至少，生理的不同会对性格产生影响。

经过近百年的研究，大量的证据表明，儿童在一出生就存在着行为上的差异：有的儿童比较好动，有的比较安静；有的喜欢对人笑，有的独处比较多；有的在被激怒后很容易平息，有的会持续烦躁不安……

在新生儿时期，子人格的形象是不存在的。但是，某种适合于形成某种子人格的潜质应该是存在的。好动的儿童长大以后应该会有好动的子人格；而好静的儿童在长大以后也应该有好静的子人格。

天性强健的儿童，也许会有一个“力量型”的子人格，也许是“英雄”，也许是“强盗”，也许是“黑社会老大”。天性敏感的儿童，也必然会在他以后的某些子人格中体现出这个敏感的素质。

所谓“原型”或者从原型而生的原始意象是属于全人类的，每一个具体的人身上，得到的不同的原型的量是不同的。可以用生理上的“基因”和心理上的“原型”做一个对比。全世界的人类的基因之总和是“人类基因库”，而具体到某一个人，他的个人基因是在这个“人类基因库”中选取的一部分。人在一出生的时候，不仅选取了一部分基因，同样也选取了一部分“原型”。以我个人来说，我在人类基因库中选取了高个子的基因；我在“人类原型总和”中，选取了“虎”“智者”的原型。和基因也许有一个不同，基因是全或无的，我身上可以完全没有黑种人的基因；而原型似乎是不同的，我会有所有各种原型，只不过“虎”这个原型在我的天赋中很多，而“老鼠”的原型则极为少而已。

也许在家族中原型应该有一定程度的遗传性。例如，父亲有一个“浪子”原型，儿子也应该很容易出现这个原型。我个人很相信这一点，但是我做的研究很少，不足以做结论。我有过个别的例子。例如，我的学生中有两个人是亲戚：一个是姑姑，一个是侄女。我在她们身上发现了相同的原型形象——猴子，代表着狡黠而可爱的性格。在我刚刚认识她们的时候，“姑姑”性格表现得很严厉，并不像猴子的性格。后来，随着她心理的成长，猴子的性格特征越来越明显。这让我相信，像猴子一样的性格是她的本性，在心理的成长过程中，她后天因压抑而形成的东西消除后，先天的性格就表现出来了。

No.2 “言传身教”的道理：内化的子人格

有些子人格是内化生活中的他人产生的。例如，孩子会内化父母，在内心形成和父母很相似的子人格。

有些子人格明显是由于内化的过程而产生的。例如，许多人都有和自己的父亲或母亲的主导性格很类似的子人格。有的人干脆把这些子人格的名字叫作“父亲”“母亲”。曾有某来访者的子人格中，有一个子人格叫作“父亲”。他 50 多岁，但是看上去像 45 岁。他的性格是：内向、事业心强、艺术气质、要求严格，喜欢正派的人，喜欢艺术，不喜欢歪门邪道。还有一个子人格叫作“母亲”，50 多岁，但是看上去也像 45 岁，她穿一身暗红色套装；性格很要强。来访者自己也很清楚地发现，这两个子人格就是现实中她的父母的化身。

精神分析心理学明确地指出，出于某种动机，儿童会把父母的性格特点内化，这也就是超我的形成机制，内化了的父母可以形成超我。发展心理学也都描述过这个过程。

这些子人格仿佛是一个父母的翻版，在子女的脑子中存在着，他就是父母的教育和影响的化身。从发现中可以知道，父母对子女的影响和教育并不是一些静止的教条，不像子女脑子里存储的一些语句；相反，他是一个活生生的有生命的子人格。举例说，一个母亲教育孩子："做人一定要谦虚"，这影响了她的儿子。在儿子长大后，做了一件很得意的事情。他很想夸耀一下自己，这时，脑子中会有一个声音响起来："做人一定要谦虚"。如果他不顾这个声音，还是自吹自擂了一番，他的脑子中会有一个声音批评他："你怎么这样不谦虚？"从而使他产生内疚感。假如父母的教育和影响只是一些存储在脑子里的语句，这些语句是不会主动地发出声音的。而实际上，发出声音的是"母亲"的子人格。因为她是一个子人格，所以她才可以随时注意并监视着他，随时告诉他不要骄傲。而在他骄傲的时候，这个子人格也可以随时批评他。她会和他辩论，会使用种种手段来实现自己的目的，会随机应变找机会控制他……就仿佛她是一个活生生的人、一个活在他心中的人。

即使子女离开了父母，甚至父母已经去世，这个"心中的父母子人格"还是像父母一样和他交流，有时赞扬他，有时批评他，有时鼓励他，有时欺骗他。

这个父母当然未必和真实的父母完全一样，他（她）代表的只是在子女心中的父母形象。

假如这个父母子人格是一个爱子女的父母，则子女可以从这个子人格中得到爱，得到关怀。这个子女将是幸运的人，因为不论遇到怎样的情况，他（她）随时有一个爱他（她）的父母陪伴在身边。但是，假如这个父母子人格是一个严厉而不公正的父母，则子女也将长期受害，他（她）随时会听到他们的责骂。

许多人一生在做的事情，就是在和这个看不到的“父母”子人格交流。或者，是试图讨好“父母”；或者是试图向不相信自己能力的“父母”证明自己；或者是忍受着“父母”的责备；或者是和“父母”的爱在一起。

要提醒的是，名为“父母”的子人格未必都是这个来访者的父母的内化产物，有时也许是这个子人格愿意叫这样一个名字而已。另外，父母的性格内化产生的子人格也未必都会给自己起“父亲”或者“母亲”这样的名字，他（她）往往会另外有一个名字。例如，“王后”常常就是来访者的母亲性格内化而形成的子人格。

再有，父母性格的各个方面会分别内化为不同的子人格。举例说，某个来访者的母亲性格中温和的一面，内化为来访者心中的“护士”子人格；而母亲性格中的另一面，内化为“巫婆”子人格。

还有，父母性格内化后，也可以和来访者心中的其他子人格融合，形成一个新的子人格。这个子人格中有父母的特点，也有和父母特点不完全一样的地方。

除了父母，其他人的性格也可以通过内化过程变为来访者的子人格。这个人也许是来访者的祖父母，也许是来访者的一个朋友，或者是来访者在书中或者电影中见到的一个人物。在青春期，来访者喜欢和认同的那些人的性格都会内化入他的内心中。

所以，在心理学意义上，一个人虽然是必死的，但是一个人的人格是可以不朽的。通过内化，这个人格进入了另一个人的心中。

而另一个又把这个人格传递给了第三个人。可以说，孔子就是这样的，他的身体早已腐朽，但是他的人格一代代在人们的心中传递。每个中国人身上或多或少都遗留着他的影响。

精神可以类比于一种寄生虫的生命，他通过“内化”寄生于一个人的躯体，然后借助这个躯体，来传播自己的思想，来展现自己的人格，就像生物繁殖一样，把这个精神传递到其他人的躯体中。第一个人的躯体死去了，但是精神还活在其他的躯体中。也许是全部，但是更多的时候，是这个精神的一部分在某一些躯体中流传，另一部分在另一些躯体中流传，正像一个人的基因的一部分在这个子女的身上，另一部分在另一个子女的身上流传。

内化过程就是精神的“性”过程。就像性过程一样，有不同的方式可以和异性结合。极端的方式有两种：一种是“爱情”，另一种是“强奸”。通过爱，我们会自愿内化别人的人格，这个过程如同“爱情”；而一个人也可以通过压力，强迫另一个弱者接受自己的思想，这个过程就仿佛“强奸”。后一种内化，内化后的子人格和来访者其他子人格的关系容易出现矛盾，就仿佛侵略者和原住居民之间的矛盾一样。

No.3 生命像一条时光的河：时期性的子人格

子人格会产生于不同时期。例如，我们的有些儿童子人格反映着我们小时候的性格特点。

我很喜欢的一个比喻是把一个人比作一条河流，一条河流固然有它不同于其他河流的特点，但是河流并不从始至终总保持一种样子的，在河流的不同流域，其样子也很不同。在源头，它也许是一个小小溪流，而在以后，它有过激流也有平缓的河道，直到最后汇入大海。

人表现出的性格也是一样，儿童时像溪流，青年时激流澎湃，而到了中年后渐渐平缓。不同的时期，人的性格特点是不一样的。

人的某些子人格，是其过去某个时期的人格。虽然，现在他已经不是那个样子了，性格也改变了，但是，过去的他也可能还不会消失，而是潜伏下来变成了潜意识中的一个子人格。

从来访者子人格发现的那些儿童人格中，有的就是这个人儿童时的样子；同样，来访者子人格中的青年人，也往往是其青年时的一种性格侧面。

不过，在时期性的子人格中，还没有发现有小于 3 岁的子人格。这也许是因为 3 岁前的儿童还没有进入形象思维的阶段，所以形不成意象。

时期性的子人格可以作为诊断的指标。通过它，可以确切地了解来访者某些心理创伤事件发生的时间，也可以了解来访者心理发展的历史。不同时期的子人格就像考古者在不同地层发掘出来的遗物，可以让我们知道过去发生的事情。

举一个简单的例子。在给一个中年女性做人格意象分解时，我发现她的子人格中，16 岁以下的子人格都是很快乐而活泼的，但是有一个子人格年龄是 17 ～ 20 岁，却是一个很抑郁的女孩，而在年龄更大的子人格中也一直有抑郁者。这就表明她很可能在 17 岁的时候遇到过严重的心理创伤事件，因而使一个很抑郁的子人格出现了。由于没有得到心理治疗，这个心理创伤一直没有得到很好的处理，因而这个抑郁的子人格就一直没有消失。她代表的就是固结在那个年龄段的那些心理能量。

精神分析心理学认为，过去的心理创伤会使部分心理能量固结在一个过去的发展阶段。实际上，一些子人格就是这些被固结的能量的形象化的化身。

格式塔心理学认为，心理问题往往就是“未完成的事件”，一个未能完全化解的心理创伤就是一个未完成的事件。这个事件是过去的，但是它会遗留一个子人格到现在。

即使没有创伤性事件，过去的痕迹以后也会有所遗留，当一个人长大后，童年时的他未必会完全消失，也许会有痕迹留下而成为一个子人格。以我自己为例，我在人格意象分解中曾经得到过两个子人格：一个叫“小明”，另一个叫“小军”。小明是一个安静的大眼睛男孩，大概 7 ~ 10 岁，他很聪明，但是比较内向。不喜欢交往，喜欢自己一个人想事情、看书、看风景。小军的年龄和小明差不多，他是一个很活跃的男孩，爱玩爱闹，奇思异想层出不穷，他也很有创造力。实际上，这两个子人格恰恰是小学时的我的两个性格侧面。

过去并没有消失，几乎所有的过去都不会完全消失，它依旧活在现在的子人格中。

不仅对一个人是这样，对一个民族也一样，这个民族历史中出现的一切都会在现在的人身上保留着痕迹。孔子、老子、李白、武则天、西太后的人格都还在现在的人身上活着，时时再现在某些人的身上，虽然未必再现得完全。假如说朱熹是孟子的一个再现，这个再现是不完备的，是一个不够好的拓片，所以朱熹和孟子相比就稍有不足。

假如过去历史的一个痕迹已经完全消失，没有任何遗迹留下，可以说这段历史是不存在的。对个人是如此，对一个民族也是如此。

如果说比自己年轻的子人格可能是（注意，只是“可能是”，但是未必都是）过去的自我的遗迹，那么和自己同龄的子人格中，可能会有一个子人格是希望自己成为的样子，也就是所谓的“理想自我”。比自己年长的子人格中，也许会有一个子人格代表对自己未来的期望——“未来的我应该是这个样子的”。这些子人格往往是来访者对自己不足的想象补偿：一个软弱的男孩可能有一个强壮的理想自我，一个歇斯底里的女孩也有个温柔而宁静的理想自我。

No.4 后天经验的塑造：内容性的子人格

内容性子人格在一个人的子人格中数量最多，是生活和行为中塑造出来的子人格。

在一个人的子人格中，最多的是这一类子人格。它来源于人的后天生活经验，或者说，是生活和行为中塑造出来的子人格。

子人格归根到底是情感、认知、行为习惯等组合而成的，在生活中，如果多次经历某种情绪，而且对引起这个情绪的内部和外部的事件有一个观点，如果习惯于用一种行为方式对待这个情绪，这些心理活动就会聚集成为一个人格。

有位来访者有这样一个子人格：这个子人格名字叫老烦，是一个 50 岁左右的女人。穿着宽大的衣裤，她总在整理东西，却怎么也理不清。她的四周是凌乱的，她的思维也很混乱，而且她觉得自己是非混杂、健忘、没有朝气、生活无目标。她总是唉声叹气、怨天尤人。这个子人格就是“烦恼”情绪的化身，是来访者一生中种种烦恼的情绪和相关的行为思想聚合在一起形成的。

当然，内容性的子人格也有很积极乐观的。有位来访者的子人格叫青，是一个 20 多岁的女性。她短发、外向、标致、活泼，喜欢穿红色（玫瑰红）毛衣、羊绒衫、高筒靴，性格不稳定、现代、时尚，快乐而不烦恼。她喜欢做的事情是跳舞，特别是迪斯科，不喜欢静。

我们要注意的一个问题是，虽然固有的子人格更偏于先天的，内容性子人格更偏于后天的，但是实际上每一个子人格都是先天和后天的综合体。固有的子人格虽然是原型的体现，要知道原型也必须由后天的经验填充；内容性的子人格虽然是后天的，但是也可以从中发现原型影响的痕迹。所以，他们之间的区分不是泾渭分明的。

No.5 适应社会的产物：角色性的子人格

角色性子人格是人内化的社会角色。例如，一个人子人格中的老师、商人等。

角色性子人格是人内化的社会角色。

任何一个社会都有一些社会角色，这些角色在人们心目中有一个基本上是公认的形象。例如，我们心目中的教师可能是一个瘦的老者，长脸、微微有些驼背、戴眼镜，行为举止温和有礼，不过多少都有一些书呆子气……我们心目中的商人可能是偏胖的，肚子有点大、圆脸、西装领带、开着汽车……

而当一个人进入某一个行业或者有了一个身份后，大家对他的行为举止会有一定的要求，而他也要取得同行业的人的认同，他就会认同这个社会角色，把这个角色的形象和性格内化为自己的性格。他越是主动、自愿地担任这个社会角色，也就越是容易内化这个社会角色的性格。假如某一个人是白领，他显然不可以穿奇装异服，不可以留太怪的发型，要穿得比较庄重，西装、领带、皮鞋是比较合适的。同样，在行为方式上，他也应该表现得很干练、有效率；他应该时间观念很强，他应该在男女感情上追求轻松，不会缠缠绵绵的。而同一个人，当他离开学校去做艺术家，如果他继续这样做，就会很不合适，他应该留长发或者剃光头，他应该情绪容易冲动，他应该做事没有规律……

当然，不同的时代人心目中的角色形象是不尽相同的。例如，IT 行业的商人现在就有一个新的形象，就是年轻，穿着随便，像一个大学生，工作起来可以半夜不睡觉，也喜欢玩……这个形象和过去的商人形象就有明显的不同。

在不同的人心目中，社会角色的形象也不尽相同。例如，身为教师的后代，经常接触教师，某青年发现他所见到的教师和一般人认为的不一样。他的心中就有一个不同的教师形象，于是他内化时就会有不同。

对社会角色的认同和内化也是一种后天习得的过程，不过，它也是和先天的原型有关系的。例如，“人格面具”这个原型的存在就可以使一个人很容易内化社会角色，从而很容易适应社会。

Part 10
独特的心灵世界法则：
子人格遵循的规律

每一个人都有很多子人格，但子人格毕竟是心理现实中的事物，不能和客观世界中的现实混淆。下面对心理现实和物质现实的区分做一些说明。

No. 1 女性内心为何有男性化身

人人具有两性气质。某人身上的异性心理特质，是以异性的子人格形象出现的。例如，秋瑾说自己“身不得男儿列，心却比男儿烈”，说明她有“男性化”一面。

一个人身上的异性的心理特质，在人格意象分解技术中是以异性的子人格形象出现的。它就是男性来访者想象出来的那些女性的子人格，女性来访者想象出来的那些男性的子人格。

在《人格裂变的姑娘》一书中，那个多重人格的患者有十几个“化身”，其中也有男性的子人格。可以看一下书中的描写：

第二天早晨，在威尔伯医生的诊所，西碧尔的一个化身大摇大摆地朝长沙发椅走去，一屁股坐了下来，承认道：“是我干的。”

“干什么？”医生问。

“做那隔板呗。我让迈克捶钉子，但所有的重活儿都归我干。维基和佩吉·卢负责大部分设计和测量，还画了几笔。该夸赞女孩们的时候就得夸几句。”

“我是迈克，想问你一些事。”这嗓音跟刚才的嗓音又有不同。

“你想知道什么？”医生问。

“怎么会呢？”

“怎么会什么？”

“我们怎么会不一样呢？”

“什么不一样？”

“是啊，她们都是女的，而我是男的，锡德也是男的。”迈克说。

“你的躯壳是女的呀。”医生提醒迈克。

“不见得。”迈克很有把握地说。

“只是看上去像女的罢了。”锡德也很有把握。

时间一点点过去，两个男孩喋喋不休地讲自己的情况。根据他们的说法，锡德皮肤白皙，头发黝黑，眼睛湛蓝；而迈克皮肤橄榄色，头发黝黑，眼睛呈棕色。锡德的名字来自西碧尔全名（Svbil Isabel Dorsett）的第一个字母。迈克的名字有两个来源，威拉德一见到他女儿穿工装裤时，就叫她“迈克”。多塞特祖母有一句习惯用语：“看在迈克的面上。”

威尔伯医生对这个现象不是很理解，我觉得她甚至有些害怕，害怕这是她的来访者有性别认同的障碍。医生以为一个女性分裂出来的各个人格都应该是女性的，这是一个错误。在人格意象分解中，任何一个人都会有异性的子人格出现。由于威尔伯医生的不理解，她做的事情在我看来也是不对的，

她试图说服来访者，这些“男孩”应该是女孩。但是，她理所当然地被来访者拒绝了。

“我高兴的是我根本不是女孩儿。”他（迈克）坚信不疑地说。

“你为什么讨厌女孩儿呢？”

“没有人喜欢女孩儿，谁也不喜欢。”

“我喜欢。”

“噢，有些女孩儿还可以，”迈克咧嘴一笑，“我喜欢维基和佩吉·卢，但我幸亏是个男孩。”

医生误以为，只是因为“不喜欢女孩”，这个女来访者才产生了男性的化身。她就用“客观现实”来说服来访者。

“你说你是男孩儿，但你的身材跟你父亲不一样呀。”

一阵沉默。最后打破沉默的不是迈克，而是锡德。

“差不多嘛。”锡德搭腔。

“什么差不多？”

“胳膊腿儿。还有一切。”

“是的，胳膊腿儿差不多，锡德，可是与你父亲不同的是什么呢？”

“我不知道。”锡德答道。

“什么地方与你父亲不同？”

“我不知道。”

“有没有不同呢？”

“我说过我不知道。”锡德怒气冲冲地答道。

“你是怎么想的呢？你是不是认为自己有些地方跟你父亲不同？”

“嗯，”锡德停了好久好久才承认，“我从来没有那个，但我会有的，等我长大时，它会长出来的。”

“锡德，你生下来就没有，但其他小男孩都有。总是不一样吧？”

锡德陷入深思。“唔，”他终于说道，“我有时想我是一个女孩儿，但那时有一个灰白头发的女人便大笑起来。我想我是男孩儿时就没有人笑，反正我是男孩儿。”

“你可以这样假想，锡德，”医生慢吞吞地说，“你长得像你父亲，而且在思想感情上也可以同他相像。性别的不同，并不像人们（甚至专家们）所想的那样差别巨大。可是你在性别上永远不会像你的父亲。你父亲有阴茎，而你没有。你有阴户，而他没有。你的身体构造与他不同，怎么能够说你像他呢？”

“可是我的确像他呀。”

“你父亲原先是个男孩儿，后来成为男人。”

“迈克和我长大以后就成男人了。我们的爸爸有的，我们也会有。爸爸要刮胡子，我们也要刮的。爸爸……”

“但这是女人的身子……”

医生的理论是，既然你的身体是女性，你就应该自认为是女性。这是不正确的。因为这些子人格都是心理性的存在，不是客观的物质世界中的人物。既然是心灵世界，就不必遵守物质世界的规则。他们在心灵世界是男性，在想象中存在的迈克和锡德，当然有想象的阴茎。但是威尔伯医生混淆了心灵世界和物质世界，让想象中的人物去看物质世界中的身体，并用这个来否认迈克和锡德的真实性别。迈克和锡德知道医生错了，但是辩不过她，因为迈克和锡德都只是孩子。不过，他们还是在用儿童的思维，努力争取辩论成功。

“大夫，我想跟你讲讲。”这是迈克，嗓音坚定而明亮，似乎把锡德推过一边，而由他来对付。“如果我使劲挤，就能把它挤出来的。”

“但你已经试过了，”医生掂量着每一个字，“也没有把它挤出来。”

“但我挤得出来的。”迈克的语气那么有把握，他的目光也很自信。

“如果你能做到，你为什么还没有呢？”医生寸步不让。

“因为你只是说说罢了。”迈克的笑容很有感染力。

“不，我不只是说说而已，对你和锡德来说，这是实情，”医生提醒她的病人，“有女孩儿身子的男孩，是长不成男人的。”

迈克不信，问道：“如果我使一个姑娘生个娃娃，这个娃娃是不是我的？”

“迈克，”医生坚定地回答，“对于这种不可能的事，我不能点头称是。在你身体里，有子宫、卵巢和阴道，正跟男人有阴茎一样。没有女性生殖器和男性生殖器，就不可能有人类的永存。生娃娃必须有女性和男性的器官。在你的身体里，迈克，有两个卵巢。”

“我不要这些女孩儿器官，”迈克打断她的话，“而且我也没有这些东西，反正不是我的，我是男孩儿。”

“迈克，创造一个娃娃所需要的，你只具有一半，而且不是你以为自己具有的那一半。这两半都同等重要，无优劣之分，哪个也不肮脏，你明白吗？”

“我的身体跟爸爸和爷爷一样。”迈克抗争道，“我只要愿意，就可以使一个姑娘生娃娃。我跟你讲过几次，说我如果使劲挤，就可以把它挤出来。”

“那你为什么不试试？”

“我长大以后会试的。”

“迈克，你没有阴茎，没有睾丸，是无法使一个姑娘生娃娃的。”

“永远不行？”迈克问道，“永远不行？”自从他向医生毛遂自荐以来，他的嗓音第一次显得忧郁。

“不，永远不行！”

他焦急地说：“可是我想要成为男人呀。我必须成为男人啊！”

迈克·多塞特不能接受他生活中的现实。

威尔伯医生的努力并没有成功，也不可能成功。假如她真的成功了，她就会破坏女来访者西碧尔心理上的一个重要部分，荣格称为阿尼玛的部分。现实是，在心理层面，这两个男孩就是男孩。威尔伯的担心也是不必要的，只要这两个男孩心理健康，和其他人关系良好，不会有什么不好的影响。他们的影响只是让将来的西碧尔身上保有一些男性化的心理气质。

在人格分裂中，一个人没有异性化身才真的奇怪。我自己就有过 4 个异性的化身，其独立程度可以说和西碧尔身上的两个男孩差不多。但是，我至今没有同性恋、性别认同障碍等。在我给女性做心理咨询的时候，有时可以用自己作为女性的部分，更容易理解她们。在我写女性心理的文章的时候，我也偶尔会用她们。还记得有一次，我告诉一个女同学说刊登在某女性杂志上的文章是我写的，她惊讶地说："我一直以为是她写的，那很像是女性的文笔。"顺便说一句，所有认识我的人都知道我是很男性化的人，并不带有"娘娘腔"。但我很喜欢我身上活着的"女子"，如果有人要消除她们，我也是绝对不能接受的。

No.2 别用现实逻辑理解"子人格"

人在现实世界只有一个母亲，但在心灵世界中，母亲可分裂为多个子人格：暴怒时，是"恶魔一样的母亲"；温柔平静时，则是"温和的母亲"。

由于对心理现实和物质世界的现实混淆，威尔伯医生还有类似的错误。当然，作为先行者，犯错误是不可避免的。这个错误是关于西碧尔分裂出的多重人格之间的关系。还是从引用开始。

"佩吉·卢、佩吉·安、玛丽、西碧尔等人之间是什么关系？

她们是姊妹吗？”

“没有人说她们是姊妹。”维基两眼瞪着医生。

“的确没有，”医生强调地说，“没有人说过。可是，维基，如果有几个人，其母亲同是一个，那么，他（她）们要不是同一个人，就必然是姊妹或兄弟。”

医生的这个推理是客观物质世界的逻辑，而不是心灵世界的逻辑。如果认识一个人类学家，就知道在神话和原始民族的传说中，这个逻辑是不成立的。

维基是一个成年的、聪明的子人格，她知道医生犯了错误，但是，她也没有办法说服医生。要想说明这个问题，需要前卫的哲学理论，即使维基能说清楚，医生也未必可以接受。于是维基采用了息事宁人、不去计较的态度。

维基好似没有听出医生的言外之意，同意道：“我有许多兄弟姊妹，我们共有一个父亲和一个母亲。”

“不错，维基，”医生接着说道，“你承认自己的家属关系，但没有提到西碧尔、玛丽、两个佩吉等人的家属关系。”

维基耸了耸肩说：“嗯，大夫，你刚才不是说她们必然是姊妹吗？”

“不对，维基，”医生坚定地说，“我没有讲她们必然是姊妹。我只是问你，她们是否是姊妹。我还说，如果几个人有同一个母亲，那么，在逻辑上，他们要不是同一个人，就必然是妹妹或兄弟。”

维基语塞。

医生无情地按照逻辑来追问下去：“喂，维基，告诉我，她们到底是姊妹，还是同一个人？”

维基在追问下十分审慎地答道：“大夫，你既然如此，我只好承认她们必然是姊妹。她们只能是姊妹，因为她们不可能是同一个人！”

可怜的维基被逻辑征服了，只好承认她们必然是姐妹。事实是，她们不是同一个人，也未必是姐妹，她们也未必是“有同一个母亲”。物质世界中只有一个母亲，但在心灵世界中，这个母亲可以分裂为多个，这个母亲精神病发作时，她是“恶魔一样的母亲”，在她没有发作时，是“温和的母亲”。在心灵世界中，这不是一个母亲，所以，那些女孩也不一定是姐妹。

在人格意象分解的实践中，不用逻辑强制不同的子人格形成“合乎逻辑”的关系，而是允许他们说出他们的真实关系。结果是，一个人内心中的子人格之间有多种多样的关系，有姐妹、有夫妻、有父母子女、有上级和下级、有邻居、有朋友、有仇敌。

电影《大话西游》中，有两个女孩共有一个身体，名字分别为紫霞和青霞，称呼也是姐妹，但是她们却并没有同一个母亲或父亲。她们本来是仇敌，佛祖为了让她们和好，把她们变成了油灯中的灯芯，每一个人是一条线，两条线捻在一起。这样的神话当然不符合物质世界的逻辑，但是在象征的意义上，确实合乎象征性的逻辑。

在同样的逻辑引导下，威尔伯医生还做了一件在我看来颇不必要的事情。在她尝试把多重人格患者西碧尔的多重人格结合为一个人格的时候，她先把每个子人格的年龄调到同一个年龄（西碧尔的生理年龄）。这和前面两件事情一样，反映了威尔伯医生的误解。

她以为一个36岁的女人，也应该有36岁的子人格。她以为如果不是这样，那就是病态。

No. 3 子人格存在的世界：心理现实

子人格不能随便想象，而是和人的心理状态一致。一个不具备勇气的人，是没办法想象出英雄子人格的。

子人格并不是现实世界中的人，他们只是人在用某种特定的方式做想象时出现的形象。物质世界中的人，是通过肉体的繁殖而出生的，要遵循这个物质世界的规律。他们的身体有一个性别，有生理的年龄，而且必然死亡。

而子人格不是物质世界的产物，遵循的也不是物质世界的规律，而是心灵世界的规律。在这个世界中，人未必会死亡，未必需要10年才可以长成10岁，未必只有一种性别……物质世界的规律是客观现实，而心灵世界的规律是心理现实。

在另一本意象对话著作《自知》中，曾经解释过心理现实这个概念。在我看来，这个概念是心理学中非常重要的概念，也是被了解得最少的一个概念。早期心理学家中对这个概念理解最深的无过于瑞士心理学家、分析心理学大师荣格。但是，由于这个概念过于超前，多数心理学家并不理解荣格的这一思想。

要了解心理现实这个概念，首先要清除人们心中的一个常见的错误思想：现实只能是客观的、物质性的。一说现实，人们想到的就是山河大地、房屋道路、神经和脑。而一说起心理的事物，如“意象”“思想”，大家就觉得这些都不是现实。人们有一种隐含的想法，这些“凭空想出来的”东西是可以随意改变的。我想让报纸变成钞票，但是不论我怎么想，报纸还是报纸，不会变成钞票。因此我们说“报纸是现实的”。但是我们以为，我们想象中是可以为所欲为的，想让自己多好就有多好，所以“想象”是不现实的。

白天胡思乱想的时候，的确在一定程度上可以为所欲为，这些幻想是不现实的。但是，如果做意象对话或者人格意象分解就会发现，深层的意象实际上也不是你可以随便想怎么样就怎么样的。它有它自身的规律，会按着这个规律改变，而不是你可以随意控制的。因此，它也是一种现实。

记得曾有一个动画片叫《机器猫》，动画片中的主人公是一个性格懦弱的男孩，靠一种神奇的机器，他可以进入别人的梦境。他发现他心仪的女孩正在做噩梦，噩梦中她被一个魔鬼关在了阴森的城堡中，于是他决定去救这个女孩。他想让自己骑白马持长枪去救人，但是意外发生了，他发现自己骑的是一只白猪。

意象就是这样的，一个不自信的男孩，可能很难真的想象出自己骑在白马上的样子，即使他努力了，结果也只是骑白猪。

意象是心理状态的象征，所以它不会是任意的，而会和一个人的心理状态一致。如果心理状态不改变，意象就不会改变。所以，意象也是现实的。这不是物质世界中的现实，而是心理的现实。物质世界中，我是男性，意味着我有一个男性的身体，有阴茎。而心灵世界中，我想象出一个男性的子人格，它和我的肉体是没有什么关系的，它只意味着我有一个性格侧面适合用“男性”来象征，意味着这个性格侧面有一些“男性化”的特点，如进取、阳刚、理性等。只要一个人有这样的性格特点，就有这样的子人格，这和我在物质世界中的身体是男是女并不矛盾。

西碧尔有两个男性子人格——迈克和锡德，这只是意味着西碧尔有时候的行为方式可以比较男性化，她可能有时喜欢穿工装裤做木工，那时候的她就像一个男人一样。这对西碧尔并没有任何坏处。我们所说的“假小子”式的女孩，行为有时候就像一个男孩，我相信她们一定有男性的子人格，但是这对她们并没有任何坏处，和她们的女性身体也并不矛盾。西湖女侠秋瑾说自己“身不得男儿列，心却比男儿烈”，“身不得男儿列”是物质生理的特点，而她的心有“男性化”的一面。表现出来也只是秋瑾会和男人一起革命，像男人一样勇敢，而她在生活中，也并不会不知道自己是女性，不会出现性变态。我说“秋瑾一定有男性的子人格”和说“秋瑾的性格很有男子气”，实际是一个意思。

物质世界中，姐妹意味着“有同一个父亲或母亲”，而在心理意象的世界中，两个子人格是姐妹意味着“她们之间的感情是像姐妹一样的感情”。这只是为了象征这两个子人格之间感情的性质而已，和父母没有关系。

物质世界中，动物不会说话，大灰狼不邪恶，狮子也并不是丛林之王，至于鬼神是根本不存在的。而在意象中，狮子就是一个王，会说话也会思考。狮子不过是一个象征，象征着勇敢、慷慨等心理特点。只要一个人有这样的心理特点，在想象中他就有狮子的子人格，但是这并不意味着他就会吃人或者会扑杀羚羊，这完全是两码事。

我们想象出来的子人格，都是心理的现实存在，而不是物质的现实存在。我们不可能找到大脑中有十几或几十个小人，但是这些子人格也不是“凭空想象”的。两三岁的小孩看到电视中的人物，误以为这些人就在电视机那个方盒子里，如果父母不管，他会触碰电视找那些人。结果他会惊讶地发现电视中并没有人。如果把子人格当作物质的现实，我们就像这个孩子。但是，如果说“电视中的人都只是一些光点的组合，毫无现实性”，这也是不对的。子人格虽不是物质现实，但是也是现实，我们可以说他们是活在“心灵世界”中的一种生命。电视中的人物活在电视中，在电视中恋爱、战斗、快乐和悲伤，遵循电视艺术的规律；子人格在人的心中活着，在我们的梦中恋爱、战斗、快乐和悲伤，遵循心理规律。

对待每一个子人格，不论自己的还是别人的，就如同对待一个实实在在的人。同时，也应非常清楚，他们不是物质世界中的人。能保持这样的态度，才不会出错。

No.4 对心理现实的两个误区：“不承认它”和“把它当真”

要承认子人格的心理现实性，不能把它当作物质现实来看。

那些不理解心理现实性的人，有的干脆不承认这些想象的人物有什么现实性，统统斥之为“胡思乱想”。没有受过心理学训练的人去劝说别人的时候，经常犯一个错误，就是一味地劝对方“不要生气了、不要伤心了、不要烦恼”，这也是不承认心理活动的现实性。他们不知道生气、伤心和烦恼都是对方的心理现实，不是他想要不生气就可以不生气的，情绪和心理有其规律，不可能完全被主宰，除非当事人了解了这些规律并善于运用这些规律。想象活动也是心理现实，这种心理活动也不是完全可以由自己主宰的，也只是在一定程度上可以主宰。

如果有谁对这个道理有所怀疑，可以请他注意这个现象：梦是一种心理活动，没有任何物质现实的基础，对吧？梦中的房子不需要砖瓦水泥，梦中娶媳妇也不需要结婚证。但是，谁能随意地让自己做美梦？让自己在梦中随意住豪华别墅，娶天仙一样的美女？没有人能行。因为梦有它的规律。我们控制自己的梦的能力是很有限的，绝大多数的时候只能受这个现实摆布，即使它把一个噩梦强加给我们，也只好做这个噩梦。

还有一种错误是用物质现实中的规律去强求心灵世界中的人物。威尔伯医生就犯了这个错误，逼迫心灵世界中的男孩按肉体性别来“变性”。另外一种错误，是把心灵世界的人物当作物质的现实存在，于是产生了迷信。在做心理咨询时，常常有人对我说：“真的是有鬼，我亲眼见过。”他们不知道，他们“亲眼所见”实际上是一种幻觉，这幻觉是他们内心中的一个意象或子人格，并不是物质现实。

我自己做心理诱导的时候，在幻觉中看到过鬼，当时我正在看电视，电视中正在播放广告。突然，电视中性感的美女的脸变成了女鬼……可怕的形象不断出现，同时在电视外也出现了可怕的变化。我听到屋子的窗户在发出响声，好像有什么东西在外面想挤进来。我当时也很恐惧，但是我告诉自己，物质世界中并没有鬼，我所看到的，只是我潜意识中一个象征性的意象，它所代表的是我内心一种极为强烈的消极情绪。由于我当时处于类似深度催眠的状态，所以它以幻觉的方式出现了。因为我不迷信，所以我没有被吓倒。通过分析这个意象，调节它所代表的情绪，我的心理状态得到了改善。

“心理现实观”可以成为反迷信的利器，因为迷信者所看到的事物，可以用科学来解释。

心理现实性似乎很难理解，而实际上并不难。之所以觉得难，是因为我们对“现实”有误解。我们误以为只有物质世界才是现实。实际上不是这样的，现实是指那些独立于我们的自由意识之外的一切，是我们所不能仅仅靠意愿来改变的一切。不能仅仅靠意愿把报纸变成钞票，不能说一句“变”就让它变了。如果要变，必须遵循一个外在于我们的规律，我们要把报纸卖掉，换来钞票。所以说报纸是客观现实，是物质现实。我们不能仅仅靠意愿让社会改变，不能说一句“我不喜欢封建思想”，就可以把封建社会变成新的社会。如果希望改变，必须去做宣传、革命等事情。所以说封建思想在社会上的存在也是现实，是“社会现实”。同样，也不能说“我不要紧张”就让紧张情绪消失，如果要让它消失，也不能仅仅靠意愿就改变意象，必须做一些想象、思考或行为。所以把意象和子人格也叫作现实，即心理现实。

第 4 篇

透视人际互动

Part 11
一花一世界：
人际心理的秘密

记得佛家有一个比喻，大致是说每个人就像一颗钻石，而世界上的人和人就像钻石交相辉映。在每一颗钻石上都映照着其他钻石的影子。

谈到这里要说的人际心理学，就要借用这个比喻。

No. 1 心中的他人形象：他人的“副本”

我们的脑子里存储了大量的别人的形象，带有情感和性格。这就是别人在我们脑子里的“副本”。

每一个人对其他人认识的方式都是在自己的心中建立一个“副本”。这是一个不言而喻的公理。

如果“公理”这种说法不能被心理学专业工作者所接受，则可以用精神分析的客体关系学派的说法来说明。他们指出：在人的内部世界中，有内部客体，也就是外部的人在一个人心中的心理表象。

早期的婴儿没有对其他人的认识。这时婴儿心中还没有“其他人”的概念。他们不知道“自我”和“别人”的区别。举例说，虽然他对母亲也有“认识”，例如能够识别母亲的面孔、分辨母亲的声音，但是，在他眼中分辨不出哪些是自己的手脚，哪些是母亲的手脚。而且他也不会去分辨。

从儿童能辨别自己和他人开始，才有了所谓对其他人的认识。认识活动有三种：最早的是靠感觉和运动为符号，然后是想象即用形象作符号，最后是用语言作符号的逻辑思维。

在感觉运动思维阶段，婴幼儿可能已经可以初步区分人与我了。那些他们感觉可以随意驱动的手是自己的，而不可以随意驱动的手就是母亲的。但是我认为，对自己和他人的认识真正建立，肯定是在下一个阶段，是靠想象建立的。儿童能认识母亲，是因为他们想象出了一个“母亲”的形象。这样，即使是母亲不在身边，儿童也知道有她存在。而当母亲来到了身边的时候，儿童就可以对照自己想象中的母亲和现实中的母亲，确定这就是自己的母亲。这就是识别过程。

在能够识别母亲的年龄阶段，儿童开始喜欢上了一种叫“藏猫猫”的游戏。藏猫猫的过程实际上是儿童复习和记忆形象的过程。成年人背外语单词时，要把手上的单词表先盖起来，在脑子里默读一下，然后再打开手上的单词表做一个对照。儿童也是一样，他们让母亲藏起来，自己默想一下母亲的形象，然后再让母亲出现，就可以加深母亲形象的记忆。

而这个母亲形象，不仅是一个相貌，而且带有情绪、性格等特质。儿童心目中的母亲是一个想象的产物，和真正的母亲是不一样的。例如，根据客体关系理论，母亲有时很和蔼，有时很愤怒，儿童就会想象出两个母亲形象：一个是“好妈妈”，这个母亲比真实的母亲还要善良得多；一个是“坏妈妈”，这个母亲比真实的母亲坏多了，简直是女魔鬼、恶女巫。

如果是一个懂得荣格心理学的人，可能会提出这样一个问题，形成母亲形象的过程中，是不是“母亲”原型也施加了影响。我的回答是肯定的。“好妈妈”是真实的母亲身上的和蔼一面与“善良母亲”原型的结合，“坏妈妈”是真实的母亲身上的愤怒的一面与“恐怖女神”原型的结合。

对母亲是这样，对其他人也是这样。人在成年之后，在认识其他人的过程中有了逻辑思维的参与，但是即使是成年人，这个想象过程也一样存在。我们的脑子里存储了大量的别人的形象、带有情感和性格的形象。这就是别人在我们脑子里的副本。

副本是别人在我们心中的模型，这个模型和“正本”不可能完全一样，但是还是有一些共同之处的。通过共情，或者说感应，提供对别人生活的情感的想象，可以尽量使这个副本和“正本”接近，假如真是达到了完全一致，可认为副本和正本是同一个“自己”。不过一般来说，副本和正本总会有一些不一致存在。越是心理不健全的人，别人在他心中产生的副本和实际的正本的差异越大。

No. 2 通过子人格看你和他人的关系：外部交往就是内部交往

每一个人对其他人的感情，实际上都是对自己心中关于这个人“副本”的感情。“我”和“他人”之间的关系，实际上就是我的“主体人格”对我心中的他人“副本”的关系，是一个内部关系。

一般来说，每一个人对其他人的感情，实际上都是对自己心中的关于这个人“副本”的感情。“我”和“他人”之间的关系，实际上就是我的“主体人格”对我心中的他人“副本”的关系，是一个内部关系。当然也可以反过来说内部关系实际上也都是外部关系。

用极端的例子来做一个说明，有一个精神分裂症初发期的女孩，对在图书馆中遇到的某一个男子产生了好感。她对同宿舍的其他女孩说：“他也爱上我了，我们通过心灵感应的特异功能在谈恋爱。”她在半夜突然醒来，说那个男子在叫她。同宿舍的女孩没有意识到她病了，试图说服她，说她没有这样的特异功能。而她却坚信有特异功能，因为她觉得这个心灵感应是清清楚楚地存在着的。

实际上，这个女孩在爱上陌生男子时，在自己的头脑中建立了那个男子的“副本”。她用想象构造了他而且赋予他感情。她想象中的他是默默爱着自己的，所以他在她脑子里的副本是爱着她的。她所谓的心灵感应，实际上就是她和她脑子里的他的副本的相互感应。这个感应当然是存在的，因为这只是她自己头脑中的两个形象，“自己”和“他”的形象之间的感应，是同一个大脑中的两部分的相互感应。实际上，任何一个正常人也都会遇到这样的事情，我们都会做一些美好的白日梦，只不过我们知道这是想象而不是现实。我们想象中的他也并不是真正的他。而精神分裂症初发期的她失去了这样的辨别能力。

对自己心中的副本的感情越多，在这个副本上投注的能量就越多。越爱一个人，他（她）在我们心中的形象就有越多的能量。恨一个人，也是一样。所以爱别人就是爱自己，恨别人就是恨自己。当所爱的亲人去世，或者恋人离开我们时，我们会感到悲哀。悲哀就是因为我们在这个“副本”上投注的能量失去了。我们爱亲人，在他的副本上投注了感情，而我们和他们有联系，这个能量一定程度上还可以利用。但是亲人不在了，这能量也就随之消失。这是我们的巨大损失。恋人离开我们，表明他夺走了我们寄放在他身上的能量。这更是我们的巨大损失。实际上，只要想办法保住该能量，就可以减少损失。例如，亲人虽然去世，我们可以保留纪念物，保留他的形象，想象他在天国活着，并一如既往地爱着自己，就不会感到有很大损失。恋人离开，但是我们认为他还爱着自己。他真的是不是这样不要紧，只要我们认为他还爱着自己，他的副本的能量就还可以为我所用，我就不会感到有很大的损失。

不过，在心理咨询中，可以允许一个人暂时用这样的方法来保护自己，减少受损失的感觉，但是最好逐渐把他寄托在这个“副本”上的能量转移。如果一直不转移，来访者就会一直怀念旧的亲人或恋人，这虽然看起来很浪漫，但是事实上他的心理能量被禁锢了，没有了和现实世界中的其他人的交流，这样是不好的。他会和现实生活失去联系，长久地生活在自己的幻想中。可以把这个能量转移到另一个人身上或者说“另一个副本”上，也可以把这个能量转移到其他地方。

No. 3 心理的“排异反应”

当心灵认为某一种思想、行为和情感不是“自我”的，心灵就会排斥它。

在多数人的心中，虽然“自己”是一个整体的形象，但是根据人格意象分解的研究，它也可以分裂为许多个“子人格”的形象。但是，不论分多少个子人格，我们都还知道，这是“自己”的一部分。

在我们的心中，还有别人的形象的副本。在我们的心中，“自己”和“别人”之间是有一个疆界的。这就是“人我之别”。

有这个疆界，我才有“自我”感。如果这个疆界消失，“自我”也就消失了。一般人有一个误解，以为“自我”是一个固有的存在，和我们的认识没有关系。实际上，“自我”是我们认识的产物，是把“自我”和“非我”时时刻刻分别开的产物。自我消失可以在精神病态的人中出现，也就是人格解体，但是也可以在宗教体验中出现，称为“天人合一”“无我”。这两种自我消失的不同，将在以后详细去谈。

我们的身体为了维持自我的存在，需要有一个皮肤隔开外界，还需要有一个免疫系统，它可以通过“排异反应”把“非我”的东西排斥在外。

心灵也有同样的功能，我称之为“心理的排异反应”。当心灵认为某一种思想、行为和情感不是“自我”的，他就会排斥它。我们排斥的不一定是“坏”的东西，也还有好的东西，只要它不是“我”的东西，我就会排斥。这样，我才可以维持一个“自我”的存在。如果没有这个排异反应，人和人的区别从何谈起呢?

靠“排异反应”，“自我”和“别人”的形象可以不混淆。我知道“别人”会骗人，但是我不会这样做，因为“这不是我做的事情”。

在心理咨询和治疗中，排异反应的表现就是精神分析家所说的“阻抗”。心理咨询和治疗师发现，来访者不听劝告，顽固地坚持他自己的想法，尽管这个想法并不怎么样。这个阻抗就是心灵的皮肤和免疫系统。

在心理咨询和治疗中，阻抗给我们带来了很大的困难，因此心理咨询和治疗者也都有些讨厌它。但是实际上，阻抗是人必不可少的心理功能。没有阻抗的人，就像一个失去免疫能力的艾滋病患者一样，对外界的什么都接受，结果自我必定消亡。

虽然身体的排异反应很重要，一个医生在移植器官时，必须用药物抑制身体的排异反应。同样，心理的排异反应也很有用，但是在心理咨询与治疗的时候，也必须想办法减少并消除心理的排异反应。

No. 4 爱他人就可以接收他人的力量

认同，可以把一个原来认为和“自我”不同的东西认作是“自我”的一部分。爱，可以让人接纳并调用别人在自我心中“副本”的能量。

心理学家是如何做的呢？

一种方法可以是直接改变他的自我形象，也就是给他心中的自己增加能量，例如通过鼓励、支持，如佛教讲“自家宝藏”，也可以通过移情来实现。例如，来访者在心中建立一个咨询师的“副本”，通过“认同”，来访者把咨询师和自己认同，于是咨询师“副本”中的力量就移动到了来访者心中的自我中，变为他自己可以做主使用的力量。所谓“力量的传递”就是这样的过程。认同，是把一个原来认为和“自己”不同的东西认作是“自己”的一部分，这样，排异反应就没有了。

还有一种方式是通过真的爱。爱是对“别人”的接纳，因为接纳，对这个“别人”的东西就不排异了。可以用性作比喻，在性爱中，双方的身体结合，而女性接纳男性的细胞，不对它排异。

在爱中，来访者不对咨询师形象在自己心中的副本做“排异反应”，于是咨询师借来访者心中副本的力量到了来访者心中的自我中。可以用这样的话来简化一个治疗过程，来辅想，“我的治疗师是一个心理力量很强、很达观的人。我很喜爱他。我接受他的态度。我也更有力量，更乐观了。”

假如心理咨询和治疗师自己的人格不够强大、健康，或者是缺少爱，缺少人生智慧，他是很难治疗别人的。个别情况下可以，但是要靠别的心理机制。

如果来访者的 A 子人格中缺少的东西，B 子人格中有，只要让 AB 相爱或“拥抱”就可以了，如果一时在来访者的各个子人格中都缺少，就需要“培植”。例如，用行为训练的成功来增加能量，或者从心理咨询师那里传递。就像金庸小说中的“内力”，要么是自己练出来，要么是别人输给他。

别人给他了，别人的会少吗？也许会少，如邪教信徒把力量给了教主，自己就越发贫乏。邪教中没有真爱，教主像一个吸血鬼，得到却不付出，所以能量不能沟通，总能量也就不可能增加。

也有“既以与人己愈多”，如好的咨询师和他的来访者。因为他们互爱，来访者因为爱而接受了自己心中的心理咨询师形象，于是他更强大了。而心理咨询师，当看到来访者变强，他自己心中的“来访者副本”也更强，心理咨询师知道这个“来访者”副本本来就是自己心灵的一部分，这部分强大了，总的心灵也自然强大了。他爱这部分，所以接纳，所以更强。爱带来了积极的循环，在循环中能量反复互相激发，越来越大。只要我们“爱人如己”就可以“既以与人己愈多”。

Part 12

人和人是没有界限的：人际的子人格交流分析

No. 1 人际交往透视：看看你用哪些子人格社交

人际交往中，可能会有不同子人格“轮番上阵”。

从人格意象分解的观点上看，一个人实际上是许多子人格组成的团体。因此，当两个人交流的时候，实际上不是两个人在交流，而是两个团体在交流。

在多次引用的西碧尔的案例中，子人格之一维基和心理医生有这样的对话：

“对了，威尔伯医生，玛丽想见见你。她想参加我们的心理分析，我想我们得答应她。”

“我们的心理分析。”威尔伯医生重复一句，“你们几位姑娘不是一个人吗？怎能说是‘我们’呢？”

维基咯咯地笑了。“你可以叫作集体治疗吧。”她的话模棱两可，“你刚才已承认你们是姐妹。”

“那就算是家庭治疗吧，谢谢你纠正了我的话。”

维基的反应真快。

在人格意象分解中，任何一个心理治疗实际上都应该是团体治疗或家庭治疗，是心理咨询与治疗师团体和来访者团体的交流。

同样，在生活中，一个人际交流也往往是不只一个子人格参与。下面是西碧尔的各个子人格回忆她小时候听到父母在一起的声音时的反应。

佩吉·卢不仅不睡，还竖起耳朵听他们所讲的话。她不喜欢自己的父亲和西碧尔的母亲轻声轻语地谈论她。他们在餐桌旁经常这样谈论，她以为他们在卧室里也这样。这种窃窃耳语使她感到自己被冷落一旁，不由得怒从中来。甚至被套和床单的瑟瑟声都使她生气。她一听到这种声音便想加以制止。

祖母的葬礼后不久，她就被搬到楼上睡觉，听不到灌进耳朵里的床单瑟瑟声，无异是一种解脱。

维基有一种明显的感觉，是海蒂·多塞特实际上愿意让她女儿目睹这一切。

马西娅为她母亲的安全而害怕。

玛丽讨厌这种置隐私于不顾的行为。

瓦妮莎为父母的伪善而感到恶心。

还有一个化身，名叫鲁西，是在心理分析进行到原始景象时出现的。她还是一个幼儿，大概三岁半大，连她自己也说不清是何时进入西碧尔的一生的。但在所有的沉默的目击者之中，最为愤慨的就是她。与西碧尔同龄的鲁西以毫不掩饰的狂怒反击她的父母。

她父母一上床，鲁西就会叫他们："睡你的觉，妈妈。睡你的觉，爸爸。"鲁西生气的原因是她不愿让她父亲与她母亲亲昵。她觉得他爱她母亲胜于爱己。

不仅西碧尔是这样，每一个人在社交时都是这样的。以生活中的一个小例子说明。

在一次活动中，参加者有刘小姐和王先生。王先生对刘小姐很有好感，但是刘小姐对王先生并没有任何兴趣。一开始，王先生对刘小姐表现得比较热情。刘小姐初次参加这个活动，有一个人热情地指导，她也很感激。但是，不久她就觉得王先生热情得过度。于是稍微表现出了一点矜持。这时，王先生和她开了一个玩笑，这个玩笑稍有一点轻视她的意思。刘小姐勃然大怒。王先生表现出很委屈无辜的样子……

对这个小片段分析，可发现两个人都有多个子人格介入。在王先生这方面，一开始他对刘小姐热情时的子人格是一个叫"王阳"的子人格，这个子人格的性格开朗活泼。而另一个叫"王矮虎"的子人格在背后鼓励"王阳"表现自己。"王矮虎"是一个好色之徒，他相貌猥琐，个子很矮。刘小姐很喜欢"王阳"。等到"王阳"和刘小姐渐渐熟悉，"王矮虎"就忍不住要和刘小姐交往。但是，"王矮虎"刚一出现，刘小姐就矜持起来了。"王矮虎"倒并不在意，但是他的弟弟"王八子"却很受打击，感到很自卑。他缩回家里抽泣。被父亲“大王”见到了。“大王”很愤怒，就出来和刘小姐作对，开了那个玩笑。但是，看到刘小姐大怒，“大王”也害怕了。“王矮虎”很生“大王”的气，认为他不该得罪刘小姐。“王阳”不过17岁，虽然性格很好，但是没有处理这样的复杂关系的经验，也躲开不说话。“王八子”表现出很委屈无辜的样子，他也的确是无辜的……

在刘小姐这一方面，也同样有几个子人格参加。第一个是“菲菲”，这是一个十五六岁的小姑娘，很怯生，很崇拜“王阳”。后来“王矮虎”出现，几近亵渎，于是“菲菲”的姐姐“安静”出现，拉“菲菲”一起回家了。后来“大王”轻视“安静”和“菲菲”，“安静”也并没有打算还击，想不理他就完了。但是，“安静”的妹妹，“菲菲”的另一个姐姐，20岁的“侠女”大怒出场……

这个过程，并不是心理学家编造出来的。在活动的时候，只要参加者做一个想象性的内省，这个过程，甚至这个过程中自己的各个子人格之间所说的话，都可以非常明确地展现出来。即使在日常生活中，人们也常常可以注意到，自己的心里有不同的声音在争论，对同一件事，这些不同的声音有不同的应对方式。

No. 2 有趣的人际交往小游戏：子人格扑克

将各个子人格制作成卡片放入纸袋。在分析一段社交情景时，一个人做出一个行动或内心活动，就分析它是出自哪个子人格，在纸袋中取出那张子人格卡片。像打扑克牌一样，代表这个子人格“出场”了一次。

心理学家左辉发明了一种方法，可以非常清楚地把这样的交往展示出来。

首先设计一种“子人格档案袋”，这是一个纸袋，一面是如下所示的表格。

<table>
<tr><td>编号</td><td></td><td>姓名</td><td></td></tr>
<tr><td>性别</td><td></td><td>年龄</td><td></td></tr>
<tr><td colspan="4">喜欢的事情</td></tr>
<tr><td colspan="4">不喜欢的事情</td></tr>
<tr><td colspan="4">性格</td></tr>
<tr><td colspan="4">和“别人的关系”</td></tr>
<tr><td colspan="4">其他</td></tr>
</table>

另一面，如果可能的话，画一张这个子人格的“画像”。如果不能画，就只写上子人格名字。

一个人分析了自己的各个子人格后，为每一个子人格做一个纸袋，这样就有一套纸袋。然后，在每个纸袋中放许多张扑克牌大小的硬纸卡片，在卡片上写上这个子人格的姓名和编号。

在分析一段社交的情景时，像打扑克牌一样。一个人做出了一个行动或有一个内心的活动，就分析这个行动或内心活动是哪个子人格，然后，在相应的纸袋中取出一张卡片放在桌上。这代表这个子人格“出场”了一次。另一个人有什么反应，也分析是哪个子人格在活动，然后在另一个子人格的相应的纸袋中取出一张卡片放在桌上。这代表另一个人出场回应的子人格。如此类推，就可以分析出一次人际交往中双方各自出场的子人格，也可以看出他们的交流方式。

如果一个人同时有几个子人格出场，就把这几个子人格的卡片摆放在一排。占主导地位或主导行为的子人格卡片放在最上面，其他依次放在下面。和扑克牌不同，我们并不规定说，双方轮流出一次牌。一方“出牌”另一方不出也是可以的。以这样的方式分析一段交往，可以让双方的心理活动清晰无比。

根据心理咨询和需要，对摆出的卡片可以做多种分析。例如，无论别人出什么子人格的卡片，某一个人的回应几乎总是某一个特定的子人格。这表明他的社交方式很僵化。社交恐惧症往往僵化于一个胆小而恐惧的子人格。偏执者则往往僵化于一个怀疑和敌意的子人格。如果发现来访者回应时“出牌不当”，也可以建议他“换一张牌”，也就是换一个子人格应对这个情境，往往会带来很好的结果。

人的子人格不是永远不变的，如果子人格有所变化，也应该相应地修改纸袋和卡片。

No. 3 不分你我：感应与界线的消融

两个人有类似的子人格，会很容易出现相互感应或共鸣，在相似的程度达到了一定的高度时，会出现自发认同，于是自我界限消融了。

在心理活动中，一个非常重要的概念是“感应”。所谓感应，指的是相似的情绪、思想、行为等会互相激发和加强。悲哀的情绪会勾起其他悲哀，勾起抑郁和厌倦，这是感应。悲哀的情绪还会勾起悲观的思想、悲观的观念，并且勾起悲观的行为，这也是感应。悲观的情绪会勾起身边其他人的悲哀，这是人际间的感应。一种情绪、一种想象、一种思想可以感应，一个情结、一个子人格也可以感应其他的子人格。在一个人心理内部，相似的子人格可以感应而形成“圈子”。

正像前面所说，在人格意象分解的过程中，一个人与其说是一个独立的自己，不如说是一个团体，一个由许多子人格构成的团体。两个人的交往就是两个团体的交往。假如两个团体中有类似的子人格，会很容易出现相互感应。这和在一个人内部的各个子人格之间的感应没有本质的区别。

感应类似于共鸣这一物理现象。两把琴上有调谐到同样音高的弦，在我们弹其中一把琴上的弦时，另一把琴的相应的弦也会发出声音，这就是共鸣。子人格之间的感应也是一样。相似程度越大，这种感应就越明显。在日常的语言中，我们干脆就用“共鸣”这个词来表达人与人之间的感应现象。

相互感应使每一方都得到加强，在情绪上也会带来一种相互接近和相互喜欢的倾向。当和另一个人谈得非常投机的时候，就是这样的感应使我们相互喜欢。即使是双方在消极的情绪上相互感应，也可以得到一种“同仇敌忾”般的好感。这和精神分析中的“客体投注”应该是有所不同的。客体投注中的客体满足了我们的需要，而感应时我们喜欢对方并不是因为他可以满足我们的需要，只是因为对方与自己相似。

在相似的程度到达了一个很大的程度时，会出现自发的认同，于是自我界限消融。也就是说，我在别人的“团体”中看到和自己“团体”中某一个子人格非常相似甚至相同的子人格，于是我产生了一个念头，这就是我的那个子人格。我不再固守人与人的界限，相反把别人的子人格和自己的子人格说成是一体的。

消融产生了一体感，这个子人格被大大加强。我和这个人之间也产生了一种亲密的关系，因为在精神上有一部分是相同的。假如把自己的精神层面看作自己最重要的部分，假如发现有一个人在精神层面和我非常相似，那么，即使我死了，只要这个人还活着，和我自己活着并没有多少区别。对吧，谁能说有什么区别吗？只要有认同，在心理的层面，这两个人就在一定程度上是一体的。记得琼瑶小说中有一个女孩，因为父母双亡，决定自己做舞女供养弟弟去读书，让他做上等人。因为爱，或者说因为有认同，所以弟弟的快乐和幸福实际上被姐姐感受为自己的幸福，而这也的确就是她自己的幸福。《约翰·克里斯多夫》小说中也同样有这样的姐姐形象。

而且，在农村，为了兄弟姐妹而牺牲自己前途的人有很多，他们如果没有这样的心理机制，情何以堪?

当在不同的两个人中发现了一个相同的子人格，这个子人格就不是“个体性”的，它是一个独立于这两个人的存在，独立于个人的子人格。假如在许多人中发现一个相同的子人格，就更感觉到了一种独立性。原始人就会把它看作一种人格化的、独立于人的个体的精神生命，如神、鬼、精灵等。为什么他不是个人的?没有别的原因，只是因为人们不认为他们是个人的。

假如在想象一组情绪、思想和行为的集合体的时候，潜意识发现，有一个现成的形象很适合表达自己的这一组心理内容，就会在想象中用这个形象来表达。例如，我有对死亡的恐惧，也有对死亡不可抗拒的认识，还有一种死亡是黑暗冰冷的感受……我发现“死神”这个形象很适合表达这样一组心理，于是在做人格意象分解的时候，就会想象到一个死神。

“死神”是心理现实的存在。它不为某个人的意志所左右，所以它确是现实的。但是它当然不是物质性的存在。假如混淆了物质和精神世界，误认为它是物质性的存在，那就是迷信。但是，如果否认它的存在，认为这只是我“想出来的东西”，那也是错误。你会发现，它的特性不是你可以随意改变的。它的存在和“正义”的存在一样，是不可否认的。

如果都有一个死神的子人格出现，我们会感到这个子人格是独立的。埃德加·莫兰说过：“精神事物、思想、象征物、精灵、神等都是有生命的存在，它们不仅拥有主观的现实性，而且拥有一定的客观的自主性。由头脑产生出来，它们变成了一类新型的生物。

而头脑作为具微弱控制力的系统，产生了它们但不能主宰它们，或者不如说只是构成滋养它们的环境系统，而它们寄生在这个环境系统中。”

法国思想家皮埃尔·安杰说得极好：“思想在由人脑构成的环境中繁殖。在所有生活于横亘在主、客体之间的模糊性缺口中的事物中，妖精、鬼魂、精灵、神是含有高度的类生物性、类人性的存在性的。而神明显地存在着。它们说话，它们行动。它们发布命令，它们提出要求。”

当某一个子人格在许多人心中同时出现的时候，它不再是属于某一个人，相反是这些个人属于它。当伟人说“历史潮流不可抗拒”的时候，历史潮流就是这样一个独立于个人的存在，无数的革命者属于这个历史潮流，服从这个历史潮流。这时，革命者的“自我”消融了，在革命中，大家不分你我。

第 5 篇

和谐内外的秘诀

Part 13

教你认出他来：

抓住识别子人格的迹象

人格意象分解可以用来改善人的心理素质，消除人的心理障碍，也就是进行心理咨询与治疗。

心理咨询和治疗是一个综合性的过程，其中要用的方法很多。从人格意象分解出发做心理咨询和治疗时，需要使用意象对话的技术。下面简单介绍和人格意象分解有关的意象对话方法，即通过子人格识别来进行心理调节。

例如，来访者被强烈抑郁的情绪占据，产生自杀意念。心理咨询师可以问："是你的哪个子人格现在在抑郁？"这个询问促使来访者去做识别，可能她会说："现在抑郁的是我的'伤心奶奶'（子人格的名字，下同）"。

本来，来访者认为抑郁的是自己整个人，而这个识别使来访者把"抑郁"定位，知道了抑郁的不是整个的自己，只是自己的一部分——"伤心奶奶"。从而使抑郁由弥散变为不弥散的，可以控制的。

心理咨询师还可以询问："你的'伤心奶奶'现在在抑郁，那么，其他子人格呢？例如，你的'小猪宝贝'在干什么？"

来访者回答："小猪宝贝看着伤心奶奶，不理解她为什么这样抑郁。小猪宝贝没有抑郁。"

这样，就可以让来访者更清楚，抑郁的不是整个自己。

明白了抑郁的不是整个自己，抑郁就不会影响到整个自己，它的危害也就小多了。

在心理咨询与治疗过程中，不论心理咨询师还是来访者都应该学会分辨子人格。对心理咨询师来说，这是了解自己的来访者；对来访者来说，这是学习"自知"。即使我们别的什么都不做，就是学会识别子人格，增加自知，就足以使心理状态发生改变。

许多心理问题都来源于不自知。我们自以为自知是一件容易的事情，我们自以为我们会欺骗别人但是没有欺骗自己，但是事实是，我们欺骗自己远比欺骗别人要多。精神分析早就揭示了这一点，由于畏惧真相，我们把许多东西压抑到了潜意识中，以至于我们自己常常不知道自己在做什么，自己为什么要做。

耶稣在被钉上十字架时看着人们说："他们不知道自己在做什么。"而苏格拉底也说人的最大任务是"认识你自己"。

识别子人格，就是认识自己的一个有效的方法。

No. 1 分辨子人格

不同子人格出场时，外在表现是不同的。

我们可以分辨出此时此刻是哪一个子人格在场吗？当然可以，

因为不同的子人格出场的时候，这个人的外在表现是不同的。有时，外在表现的不同会非常明显。

不同的子人格的言语方式是不同的。有的说话直率，有的委婉，有的粗鲁，有的温和。

他们的行为方式也是不同的。不同的子人格本来就是不同的性格、不同的本能的表现，他们的爱好、兴趣不同，行为方式当然也不一样。例如，含有性能量的子人格如“妖女”“花花公子”，常常喜欢表现出性感的样子，喜欢调情，喜欢诱惑异性的心理咨询师；而年龄小的子人格，就会行为幼稚，有的会寻求心理咨询师的保护。

甚至他们写的字的字迹都是不同的。不同子人格出场的时候，只要它对这个子人格认同程度很高，写字的字迹就是这个子人格的。

如果仔细观察，甚至会发现，不同子人格在场时，你可以从相貌中分辨他们。虽然是同一个人，同一个身体，但是在子人格不同的时候，他们的外貌似乎都不一样。如果心理咨询师熟悉这个人的各个子人格，他完全可以分辨出“现在是谁出场”。我和孙新兰博士做过一个实验，照下同一个人在不同子人格时的照片，很容易分辨出这些照片分别是哪个子人格的照片。如果熟悉某个来访者，甚至可以分辨出他平时照的照片属于哪个子人格。

利用人格意象分解技术做心理咨询和治疗时，一个基本功是分辨子人格。你必须知道此时此刻你是在和谁说话。一个人心中有十几个甚至几十个“人”，他们性格都不一样，对一句话的反应也不一样。不知道是在和谁说话，你就可能说话不恰当。例如，某女孩有一个子人格叫“爆碳”，这是一个非常易怒、性格暴烈的子人格。“爆碳”发火的时候，几乎是死活都不在乎的，根本听不进别人的劝说。

假如在这个时候，你说了一句劝告性的话，或者指出了她的某个缺点，“爆碳”必定是不能接受，反而勃然大怒。当心理咨询师发现是“爆碳”在说话，就不和她讲这些，而是等其他子人格在场的时候再说，效果就比较好。

有一个问题需要在这里说一下，在做人格意象分解的时候，清晰地知道是哪个子人格在场，也可以诱导某个子人格出现。在日常生活中，一般不会体会“现在是哪个子人格”，我们感觉“我就是我，一个整个的我。”那么在日常情境中，某一时刻的人是整个的他呢，还只是他的一部分？也就是说，子人格是诱导出来的一个东西，还是在自然生活中本来就存在的？

根据观察，我认为在日常情境中，在任何一个特定的时刻，控制这个人的行为的都不会是他所有的子人格组成的整体，而只是其中某一个子人格或者两三个子人格。这个人的所有子人格实际上是他全部的行为方式的储藏库，而具体遇到某一个特定情景的时候，他只需要在这个储藏库中找到一两种行为模式来应对。例如，在上班的时候，需要适合“白领丽人”的身份，于是女孩就把她的一个叫 JANE 的子人格调出来。做事落落大方、温和得体。而在下班后，和男朋友在一起的时候，她的另一个子人格“公主”占据了主导地位。而她的这个公主是一个很任性刁蛮的女孩，男朋友不胜其苦。一次，他遇到女孩的同事。同事说起她，说她很温和懂事。男朋友马上反驳说：“我和你说的是同一个人吗？”实际上，她的男朋友的话是对的。他们所说的并不是同一个人，虽然是同一个身体，但却是不同的心灵。

有时，一个情境只激发了一个子人格。也有一些时候，一个情境激发了几个子人格，这时来访者的行为反应是混合了几个子人格的反应，或者是矛盾的。例如，来访者被人嘲笑。一个子人格当即决定用非常刻薄的话反击，而另一个子人格则害怕引起人际矛盾，立刻阻止他说这句话。结果说出来的话，是带有刻薄的意思但是表面上比较友好的。

口误往往也是由于不同子人格的矛盾。

另外，子人格的转换可以非常迅速，一个人可以前一句话是这个子人格，后一句话是另外一个。

在不同的子人格出场的时候，甚至他们的身体素质都会不同。强壮的子人格出现的时候，这个人的身体会很强壮；而当一个衰弱的子人格出现时，虽然身体还是这个身体，但是他会变得很弱、很无力、容易疲劳。

No.2 言语和声调

子人格性格不同，言语方式和声调等都是不同的。

每个子人格的言语方式和他的性格是一致的。子人格不同，言语方式和声调等都是不同的。

首先谈用词习惯。我曾经“拆”过两个不同的人，他们都有一个叫作“黑社会老大”的子人格。这两个人的性格是不一样的。A是一个医生，性格很温和儒雅；B是一个刚毕业的大学生，性格很豪爽。但是，他们的“黑社会老大”子人格出现时，他们的言谈和用词习惯非常一致，都会说粗话，在表示不满的时候用威胁的口气（你活够了？你敢和我作对？）。而A平时从来不会说这样的话。

“英雄”原型化身的子人格说话比较豪迈，但是比较傲慢。在评价别人时，赞许的语言是“这个人是条汉子”“这才算个男人”……在谈事业的时候，谈吐自信。“痛快”是他们常用的口头语。

有一个很常见的“婉约”子人格，往往是显现为女性的样子，名字往往也是很温婉的，如“雨思”“寒雨”“静仪”等。她们的言语很优美、柔和。感伤、细腻，喜欢用长句子。表达爱的感情的话比较多。要注意，有这样子人格的人本身的生理性别可以是女的，也可以是男的。

有的子人格很喜欢说话，例如有个男性的子人格叫“无我”，每当这个子人格占据主导地位，他就滔滔不绝地高谈阔论。而有的子人格很沉默寡言，当这样的子人格出现时，同一个人就会变得不爱多说话。

不仅用词习惯不同，声调的不同也是非常明显的。“英雄”子人格的声音低沉而有力量，“婉约”子人格的声音带有气声并比较轻，但是绵绵不绝，如山间小溪。不同的子人格，甚至会有不同的口音。例如，有一个从外地到北京的大学生的子人格中，有几个是会讲普通话的，而其他的子人格普通话讲得就不太好，有一个子人格则总是说家乡话。每次她说家乡话，我就知道是这个子人格“现身”了。

越是接近荣格所说的原型或原始意象，子人格的语调就越有特征，用动物形象出现的子人格就是这样。

“虎”作为子人格出现时，代表的性格基本特征是开朗、张扬、自信和勇敢。如果是小老虎的形象，语调是偏高的、明亮的。如果是成年的虎，声音也是明亮开朗的，并不低沉。只是“中年”之后的虎才变成低沉的语调。而“狮子”的声音就比虎低沉得多，往往是男中音或低音。熟练的话，可以根据声调区分来访者的子人格是“虎”还是“狮子”。

“蛇”的声音很低而很有诱惑性，仿佛耳语、叹息或者情话。我觉得这种语调非常适合在做催眠的时候使用。假如蛇和性有关，则这个子人格的声音会是很性感的。

“鸟”子人格声音如何，要看是什么鸟。假如是鸣禽，则来访者的声音会比较好听，清脆而明快。

当然，不同子人格在声音上的差异远不像形象上的差异那么明显。假如来访者对子人格的体验很深入、很投入，声音特点会体现得明显。假如没有投入，则声音的特点就不是很明确。

No. 3 字迹和相貌

性格固执、偏执的子人格的字迹是坚硬的，往往向一侧倾斜，在起笔处有时会有一个小的转折。

在拆分开之后，不同子人格的字迹会有不同。下面介绍一些子人格的字迹。

我们不认为有一个像人一样的、坐在天上某个地方的上帝。但是，在集体无意识中，有一个原型是“上帝”原型。荣格曾经描述过它的存在。根据他的观察：“假如一个人被来源于‘上帝’原型的上帝情结所占据，他会根据善和恶的标准去感受一切，判断一切………他相信自己是上帝的预言家，甚至他会相信他本人就是上帝，相信只有他才能给人类指出通向正义和解放的道路。这样的人会被人看作偏执狂或精神病患者。但是假如上帝情节只是作为他的人格的一部分而起作用，他很有可能会造福于人类。”

当一个人被这个原型“占据”的时候，他的性格暴烈、强大、威严，像暴雨雷霆一样势不可当。我曾经请这个子人格写过字，他的字迹是非常独特的。字很大，比狂草还要草，几乎不可以识别，是由非常有力的线条组成。

和这个子人格的字迹很相似的，是某些精神病人的字迹。我们知道，躁狂症也会自认为自己是上帝或其他有权利的神。“狮子王”是一个人格化的子人格，形象是人的样子。但是这个子人格明显来源于狮子的原型形象。他是一个威严的、勇敢的人，对自己的朋友和家人很好，比较慷慨大度。这个子人格也是非常有力量的。他的字迹大而且方正，笔迹很有力。实际上，“上帝”子人格是狂暴而无形式的自然力量的象征，如雷、如狂风、如洪水。因为是自然力，所以是没有形式的，所以他的字迹是难识别的。而“狮子王”是半人半兽，象征的是有了进化形式的力量，所以他的字迹是可以识别的。

女性的子人格，字迹也明显有女性特点。例如，有个男性来访者的子人格叫作“心柔”，是一个很浪漫的人，当他的这个子人格在场的时候，字迹纤柔优美，字形稍偏细长。

某女性的一个子人格的名字叫“小猫”，活泼可爱。她的字迹很小，笔画没有连笔，端正秀丽。

性情易焦虑的子人格，往往是字迹潦草、乱糟糟的。

抑郁的子人格如“灰灰、伤心的人”，字迹则小而无力。

性格固执、偏执的子人格的字迹是坚硬的，往往向一侧倾斜，在起笔处有时会有一个小的转折。

不论子人格如何变化，毕竟身体本身是不可以改变的，所以相貌的变化有时不是很明显。但是由于神态变化、表情的微妙变化，还是可以分辨的。而且，不同的子人格喜欢的服饰、发型等都不一样，所以也可以从这个人穿的衣服来判断这段时间里是哪个子人格占优势的地位。

No.4 子人格识别：帮你更好掌控自我

在没识别子人格前，子人格可以控制人的情绪和行为。而当你识别出了它之后，你就成为主动者了。

前面通过一个例子看到了子人格识别的作用。它可以让我们知道，在抑郁的时候，不是整个的我在抑郁，而是我的一个或几个子人格在抑郁。这样可以把一种消极的情绪定位在心灵的一个确定的部位，而不让它扩散。

子人格识别还有另一个作用，就是帮助我们更容易地控制自己的行为。

我们要控制一个东西，最关键的基础是要了解它。盲人是永远当不成司机的，聋人要想学会说话也是非常困难的。虽然耳聋者的舌头没有问题，但是他听不到自己的声音，就无法进行自我调节，无法发出适当的声音。

我们可以控制自己的肌肉，因为我们可以清楚地看到或感觉到它的运动。但是除去经过长期训练的气功师而外，我们几乎不可能控制自己的血压，这是因为我们不能随时了解自己的血压波动。心理学家应用仪器，让一个人的生理活动变为数字、声音或光，让一个人能随时看到、听到自己的血压和皮肤温度等生理的指标变化。

借助这样的仪器，每一个人都会很容易地学会控制自己的血压，控制自己的皮肤温度。

对一般人来说，我们的情绪也是很难控制的。当发火的时候，我们试图用“压”的方法把怒气压下去，结果或者是压不下去，或者是表面上压下去了，而实际上却改为“生闷气”了，或者变成了深深的沮丧和抑郁。

有一种心理治疗方法叫作森田疗法，森田疗法认为人的情绪是自己无法控制的。它是针对一般人的错误观点而说的。一般人总以为人可以直接控制自己的情绪，可以压住愤怒，可以强让自己不抑郁，可以命令自己不要恐惧，实际上这样的直接控制情绪十有八九会失败。

我们不可能直接控制自己的情绪，是因为我们对引起情绪的心理过程往往一无所知。有时候我们“无名火起”，但是我们自己并不很清楚是别人的一句什么话触发了自己的哪一个子人格而引起了自己的愤怒。我们所知道的只是自己愤怒了，于是我们对引起我们发怒的人大加攻击。也许在事后，我们发现自己的行为过分了，发现自己失去了理智，但是在当时，我们不能自控。而精于识别自己的子人格后，我们对自己的情绪的来龙去脉可以非常清楚地把握，于是也就可以做到控制自己的情绪。有时候，只是看到子人格就可以消融一些消极情绪。

有一次，有个人和我争论问题，情绪比较激动。我发现这是那人的一个我不可能说服的“子人格”在同我说话。于是，我避开争论本身，问她：“现在是你的哪一个子人格在说话？这个子人格是什么样子的人？”因为她也很熟悉人格意象分解技术，所以她马上做了一个想象，而这个子人格也在想象中现身：“皮肤的颜色比较白的一个女性。戴眼镜，短发，脸形偏瘦，个子较高，穿着黑西装，白衬衫，提着皮包。这个人能言善辩，最喜欢说的就是‘不’。”一旦看到了是这个子人格在“作怪”，她的情绪就平静下来了。

在没有识别子人格之前，子人格可以控制一个人的情绪和行为；而当你识别出了它之后，你就成为主动者。不认识他的时候，你是子人格的奴隶；而认识了他之后，他就是你的部下。

Part 14

换合适的“人”上场：子人格替代与心理调节

No. 1 “知人善任”的智慧：子人格替代与心理调节

在不同的情境下，用更合适子人格替代不合适的，可以增强适应性。

足球比赛正在激烈进行，教练发现自己的前锋非常不在状态，跑动不积极，射门不准，配合不好。他有两个选择：一个是借中场休息的机会给前锋讲讲如何跑动和射门的要领，另一个是换人。

只要后备队员不差，没有哪个教练不选择后一种方法。换人很简单，但是很有效。

企业顾问公司发现他们某主顾的公司问题很多，开发部的经理智力不高，研究能力也差，下属对她不服气，只不过因为她很有魅力，很善于社交，总经理比较喜欢她，不同意开除她。销售部的经理是一个老好人，勤勤恳恳、任劳任怨，但是业绩不行……没有谁是称职的。

大换血，把旧的都辞退，招聘新人，这是一个办法，但是危险性很大。培训，也是一个办法，但是见效慢。顾问公司用的是简单的方法，让开发部的经理去销售部，销售部的经理做办公室主任……一番调动后，似乎每一个人都变得优秀多了。总经理懂得了一个道理，人只要用对地方，似乎每个人还都不错。

每一个人都像一个球队，像一个公司，是由许多子人格构成的团体。当这个团体的业绩不好的时候，有一个简单的改善方法，那就是“换人”“调岗位”，也就是子人格替代。

每个子人格都是我们自己的一部分，我们不可能“辞退”他们。每个子人格也都是我们的一部分资源，只要用对地方，对我们都有好处。而许多人之所以有心理问题，就是因为他们没有把自己的子人格用对。

不同的子人格各有长处和弱点，在不同的情境下，适当的子人格是不同的。用更适当的子人格替代不适当的，可以解决一些问题。

例如，某人在工作中感到很累。心理咨询师问：“你在工作中，都有哪些子人格在场？”

她说有一个“小妈妈”在，这个“小妈妈”是一个很有爱心的人，她总是试图关心和帮助所有同事。别人工作上有不懂的，她要去帮助。别人心情不好，她要去安慰，所以弄得自己很累。

心理咨询师提出：“可不可以不带‘小妈妈’上班？让‘侠女’上班。”

她这样做了，工作压力就减弱了。

我的一个来访者也是这样，她有两个子人格：一个多愁善感，自称是黛玉；另一个直来直去，凡事不放在心里，有些像史湘云。她在工作的时候，这两个子人格都“在场”。过去她的领导是一个慈祥长者，所以她工作时的感觉还不错。后来她换了一个领导，这个人是一个是非很多、啰唆而且心胸狭隘的人。同事们都不大喜欢这个领导，也会和她一起发牢骚。她的“湘云”也还罢了，“黛玉”就开始伤感起来，从此情绪低落，心理状态大为消沉。

她的问题就是应用子人格有不当。“黛玉”的优点在于感情细腻，缺点是心理承受力比较差。犹如一个贵重的瓷器，是一只可以在家中赏玩的，不是可以带到单位当饭碗使用的。她在工作单位中出现“黛玉”，就必然要受到伤害。建议她在工作时不要让“黛玉”在场，就让“湘云”在就行了。这样她的心理状态就可以得到改善。

No.2 子人格替代的方法

需要某个子人格出场时，可以叫他的名字，想象他的样子，体会他的感觉。

子人格替代的前提是知道自己有哪些子人格，而且能够熟练地识别自己的子人格。而替代的基本方法很简单，你想让哪个子人格替代上去，就激发这个子人格。一般来说，新的子人格一“上场”，旧的子人格就被替代。即使旧的子人格一时不肯“退场”，他的影响也会削弱。

激发一个子人格的方法有很多。可以呼唤他的名字，同时想象他的形象，找到他的感觉，这样，他就会出现。

我说一个自己的经历。1996 年，我对自己的子人格做第一次分裂时，我人格中的动物出现了狗、水鸟、鹫、老虎和狮子等。在老虎和狮子之间，虎占有主导的地位，而狮子不大有影响力。虎和狮子的不同，虎不大合群，独往独来，对权利并没有多大的兴趣；而狮子喜欢社交，喜欢做一个权威人物。我觉得自己应该做一个改变，让狮子多出场一些。

于是，在一些适合狮子出现的场合。例如，在引导学生做心理训练的时候，在给别人做咨询的时候，我就有意让“狮子”出场。我在心里叫“狮子王，该你出场了”。我想象我的“狮子”的样子，他那从容、有力而有弹性的步伐，他微微昂起的头和松弛的神态，他中气饱满的声音。我找到他内心中的感觉，在没有天敌的世界，阳光明亮，草原广阔，自己身上充满力量。

于是，我成了狮子——草原和森林中的王者。

在那个时刻，我表现出了自信，我有一种内心的光彩。我相信那个时刻的我，无论穿什么衣服，看起来都像是手执权杖的帝王。我不是一个暴君，是一个可以被依赖的强者。在我做咨询的时候，来访者会很容易相信我的话。不是因为这话有什么逻辑严密的理由，只是因为这话是我说的，而我有狮子一样的自信。

做过一段时间这样的训练后，整个人都有所改变，显得更成熟，更有男子气。而且呼唤狮子变得更容易，我只要呼唤他的名字，那一个瞬间我就成为他。

No.3 标志：让你更容易调动子人格

反复想象这个子人格的形象，一遍遍充满感情地呼唤他的名字，赞美他，感谢他。以后，呼唤他出现就会非常容易。

如果子人格不那么容易被调动出来，就需要一些辅助的方法。

子人格是想象领域的存在，它不是逻辑思维的产物，是形象思维的产物、原始思维的产物，所以它遵循着原始逻辑。原始逻辑中最重要的规律是联想、相似者相互吸引等。利用这些规律，可以让子人格更容易被调动。

我个人感觉最好的方法就是寻找和利用“标志”。每一个子人格都有他自己的标志。还是在西碧尔的案例中，子人格佩吉喜欢砸玻璃。心理医生通过咨询发现了原因。

一天卢鲁(西碧尔的一个亲戚小孩)和西碧尔仍在默默地干家务。西碧尔手里正在擦拭银汤匙，但她的眼睛离不开卢鲁手里擦拭的那只盛腌菜用的水晶刻花盘子。它所发生的虹彩，五色缤纷，实在太美丽了。突然，那虹彩飞了起来。原来，卢鲁把那盘子朝那通往餐室的法国式门扔去。

玻璃碎裂声招来了许多阿姨和叔叔。玻璃已经打碎的房门猛然打开。他们全都盯着地下那摔成八瓣的盘子。

成年人开始盯着两个孩子，孩子也瞅着他们。“谁干的？”他们脸上全都写着这三个字。一阵紧张的沉默。卢鲁声明：“西碧尔干的！”

“是你打碎的。”海蒂谴责的话声奔向西碧尔。

“喂，海蒂，”费告诫她，“她只是一个小女孩。她不是故意的。”

“不是故意的？看在大地份上，费，你瞧，她不是失手掉在地下。她是故意扔的。我怎么会有这么一个孩子？”

西碧尔一颗泪珠也没有地站在那里。而卢鲁却哭了起来。“西碧尔干的，”卢鲁边哭边说，“西碧尔干的。”

这时，海蒂的女儿走到餐室窗前，双拳击打窗玻璃，恳求道：“放我出去，噢，请放我出去。不是我，是她干的。她撒谎。让我出去。求求你们！”西碧尔已经变成佩吉·卢。

对子人格佩吉·卢来说，玻璃就是一个标志物，标志着被冤枉的愤怒。这愤怒是佩吉·卢的性格的中心成分。因此，如果要调动佩吉·卢出现，就可以使用玻璃。例如，让西碧尔看着一个刻花的玻璃器皿，再呼唤佩吉·卢，我相信佩吉·卢会极为容易出现的。当然，在佩吉·卢出现后就是对心理咨询和治疗师的考验。如果心理咨询和治疗师没有办法接纳、帮助佩吉·卢，她就要做好自己的玻璃被砸的准备。

标志也许还会是一句话、一个景象、一首曲调、一句歌词、一个故事等。

例如，我有一个子人格，是一个喜欢婉约派的诗词、敏感而温柔的女子的形象。这个女子对细雨非常敏感。每当下起了细雨，我看到雨水无声地润湿了院子中的草木和石头，我感觉到雨天微微一丝的凉，这个女子就出现了，她永远有一丝淡淡的忧伤在心中，又有着对美的惊人的敏感。当我想唤起这个子人格的时候，我就让自己回忆江南，回忆那里的雨天，回忆虎丘或拙政园的院子，回忆雨中传来了极淡的花香和飘落的叶子，于是她就会悄然出现。

在《聊斋》或《阅微草堂笔记》中就有这样的故事，美丽的狐女和书生告别后，留下一只自己的绣花鞋，告诉书生说：“只要你拿着这个鞋子叫我的名字，我就会出现。”

在现实世界中是没有这样的事的，不过在我们的心灵世界，事情可以这样发生。狐女就是我们想念的人，是她的形象在我们心中的“副本”，每当我们用她的鞋做标志，再呼唤她的名字时，她的形象就在我们心中出现了。

为了容易调动自己的子人格，可以通过重复来加强或者“加固”某些子人格的标志。可以反复想象这个子人格的形象，可以一遍遍充满感情地呼唤他的名字，可以赞美他、感谢他，于是这个子人格就会被加强。以后，呼唤他出现就会非常容易。

No. 4　平衡很重要：每个子人格都有出场机会

让某一个子人格太强了会有危险，要给弱的子人格以表达机会。

需要注意的问题有两个，这两个问题实际上是一个。第一个问题是，必须给自己的每一个子人格“上场”的机会；第二个问题是，让某一个子人格太强了会有危险。

总的来说，是我们必须寻求一种平衡。大到世界，小到个人，都是如此。

一个社会中，如果有些人一直被压抑，没有说话的机会，这样的人也会变得更有破坏性。我们听说过许多这样的案例，丈夫在家中是暴君，对妻子经常实施虐待。妻子软弱不敢于反抗，只好逆来顺受。久而久之，丈夫已把这当作家庭内的常规，觉得妻子永远是这样，绝对不可能敢于反抗自己。但是，这样的不平衡总有一天会被打破。除非妻子被虐待死了，否则总有一天妻子会反抗。有的虐待狂丈夫后来就是在睡梦中死在他们所轻视的妻子的乱斧利刀之下。

在一个人心中也是一样。我们都有一些比较“强”的子人格，他们的出场对我们的成功很有益，如果我们不断地让他出场，不给自己的那些比较弱的子人格出场机会，那些子人格被压抑在潜意识中，就会不断地积累一些消极的、破坏性的情绪。总有一天，当积累的消极力量足够大的时候，这些子人格会突破你的一切控制而冲出来。

让强大的子人格出场，我们可以变得更强大。但是如果一味追求强大，强大之后可能就是破坏，可能会有一个灾难性的事件，毁掉了你努力得到的一切。

我曾经在《北京晚报》上看到一篇短文，里面有这样的话：

无论多么坚强的女人，都有个机会崩溃，或者哭泣或者沉默或者神经。

面具戴久了，就成了皮肤，所有的人都相信你的快乐、你的坚强、你的无所畏惧。所有的人都夸奖你，说你在压力下能够进退从容。

只有自己知道，躲在楼梯间看着夜里的车河，抽烟、哽咽。或者把完美的笑容保持到最后一分钟，直到关上卫生间的门，才让眼角、唇角放肆地勾出向下的弧度。

冲水之后，走出来又是一个快乐女人。

文章中的女主人公那快乐、坚强、无所畏惧的一面不仅是假象和面具，也是她的一个子人格。不过，她的悲哀、脆弱的一面也需要表达自己。所以在卫生间，在躲在楼梯间的夜里，在避开了所有人的眼睛后，另外的子人格就出场了。她们有机会出场，表达自己，就可以得到少许的宣泄，从而获得少许的平衡。但是，她还是有不平衡存在的。这样的女孩，一旦找到了“崩溃的理由”，必定崩溃。也许是身体得一场病，也许是发生严重人际冲突，但是最可能发生的事情，就是狂热地爱上一个不应该爱的人，在爱情中伤痕累累。

当一个人整体上的不平衡到达一定的程度，危险就会到来。多年前，《北京青年报》曾报道过这样的新闻：望女成凤却成疯。新闻中讲了一个女孩韩燕燕的事情，她的父母都是重庆某中学的教师，非常重视女儿的学习。在燕燕 5 岁时，就让她读小学，从小学开始直到 21 岁发病前，她无时无刻不是在父母的严格监督下学习。她没有朋友，不许唱歌，每天 5 点起床，23 点休息，不断地读书。这种畸形的发展使她一时异常“强大”，她学习很好，顺利上了大学而且得到了硕博连读的通知书。但是，在接到通知书前，她却突然疯了。这就是道家所说的物极必反。

有些非常成功的人突然自杀，或者突然因一件小事情崩溃，实际上都不是偶然，也不是因为什么“不可预知的神秘的命运”，而是因为他们失去了内心的平衡。

人突然得了癌症，很大程度上是由于心理原因。他们的内心中越来越不平衡，没有办法解决，他的身体就帮助他找了一个解决方法，得癌症而死。当然，并不是所有的癌症患者都有心理原因。

不给弱的子人格上场机会很危险，加强一个很强的子人格同样也会有危险，这个强的子人格的缺点会发挥到极点，使人的心理产生变态。“自信的狮子”如果用得太多，人就会变得专制、傲慢，让身边的人厌恶；“小妈妈”用得太多，人就会变得婆婆妈妈，琐碎得让人受不了，等等。

何况，弱的子人格并不是一无是处，他们也有优点。悲哀而脆弱的“小女子”虽然不如白领女性坚强，但是在享受生活上，她也许要优秀得多。

最后提醒大家，用子人格替代的方法不能改变子人格本身，它的效果也有天然的限度。

Part 15

自爱的艺术：子人格关系的调节

No. 1 一个人也能做团体治疗

子人格关系的调节，实际上和对一个团体中的人际关系做调节方法是一样的。

虽然是给一个人做心理咨询或治疗，但是一旦使用人格意象分解的方法，这个治疗实际会变成和团体治疗相似的状态—— 一个人就是一个团体。

子人格关系的调节，和对一个团体中的人际关系做调节方法是一样的。

说到这里，我想到了一种心理疗法：系统家庭治疗。系统家庭治疗在对一个人做治疗时，总是把视角放在他所在的家庭、公司或者任何其他组织，就仿佛这个组织是一个单独的人。

我则相反，在对一个人做治疗时，把这个人看作一个组织或团体。

我们都没有错，只是视角不同。甚至可以把一个社会看作一个人，也可以把一个人看作一个社会，都是可以的。

一个团体有其团体“心理”，包括团体的性格、行为习惯等。以前有个部队叫作“南京路上好八连”，这个连队的性格是简单、淳朴、宽厚、老实。这个连队中每一个人性格各有特点，但是整个团体有团体的性格。

梁山泊好汉们性格各自不同，但是梁山泊有自己的性格：大碗喝酒，大块吃肉，路见不平，拔刀相助。

大观园中的宝玉和女孩们各有性格，但是大观园有自己的性格：缠绵、感伤，又带一些精明算计。

同样，一个人的各个子人格有自己的特点，但是这个人有一个总的性格特点，也就是他的性格。

我们要改变一个人的性格，就仿佛要改变一个团体的性格或风气一样。要改善一个团体，一个重要的方法就是调节这个团体中人和人的关系，让这个团体中的人能互爱互谅、互相支持、互相帮助。这样，这个团体整体上就更加有力量、更加有内聚力，每一个人都会爱这个团体。

No.2 减少自我隔离的办法

让不认识的子人格相互认识有助于减少隔离，促进自知。

让不认识的子人格相互认识，这个过程有助于减少隔离，促进自知。

人和人之间没有交流，就不可能建立良好的人际关系。交流越多，感情越有机会产生。社会心理学研究发现，大学生交朋友受到了“邻近性”的影响：和同宿舍的人比较容易成为朋友，和邻近宿舍的人也容易交朋友。但是互相住得很远，交朋友的可能性就比较小。原因很简单，就是住得近交流比较多。

一个人内部的子人格，互相“住”得都很近，都“住”在同一个身体中，实在是不能再近了，但是，由于心的内部存在隔离，有些子人格之间虽不是“老死不相往来”，至少也是交流很少，也就谈不上建立良好的“人际”关系。

子人格之间的“不认识”,有的并不是有意隔离开的,只不过是“相互没有机会认识”。例如，一个子人格形成于七八岁，到12岁就不怎么出现了，而另一个子人格是25岁才产生的。这两个子人格之间没有机会认识。

让他们认识是一种很有益的自我认识过程。他可以让25岁的自我了解童年的自己，知道自己现在的性格是怎么形成的，知道自己本质上存在什么样的特点。

有的子人格之间的隔离是主动形成的。

我接触的知识分子中这样的情况比较多。知识分子和一般人相比，比较善于用理智和逻辑思维来解决问题。而在运用理智的时候，需要暂时隔离自己的情绪，让自己冷静地思考。当隔离了自己的情绪后，会发现自己得到了一种平静。这种平静中有一种解脱。特别是当遇到了非常令人烦恼的事情的时候，隔离给我们的平静和解脱的感觉非常好。它使我们暂时逃避开了一切的烦恼。于是知识分子用隔离这个方法缓解烦恼，忘掉烦恼，逃避问题。在精神分析理论中，这种心理防御机制叫作“理智化”。这个方法虽然可以让我们暂时得到解脱，但是，它不可能在根本上解决问题。而且，常用这个方法，一个人慢慢就不会表达情绪了。一个很理智的子人格把其他有情绪的子人格隔离了。

这样的人会变得很枯燥无味，缺少感情，不敢爱也不敢恨。由于隔离，他的生命力也被隔离，于是会变得无力和衰弱。

有的人看到这样的问题，往往会归罪于理智本身，认为是理智使人衰弱。于是提倡对理智的反抗，提倡一个率性的情感生活。宋明理学是强调理智的，在明末就有名士追求“性情”，甚至有人用放纵来反抗理智。西方启蒙主义是强调理智的，而20世纪就有放纵声色的福柯等人出现。

实际上，理智并没有错误，只不过被误用了。理智实际上是一个两步的活动：第一步是通过隔离，让情绪不能干扰我们的冷静思考。如果不隔离，在情绪的惊涛巨浪中很少有谁能有定力，能不被情绪干扰。思考实际上是一种对行为的小规模预习，用少量的心理能量。我们预习了如何让自己走出困境，但这只是第一步。第二步，还需要把思维的结果用于实际生活。我们需要打破隔离，投入情绪，带着理智的指导、思维的结果去体验和实现我们的人生。这时的我们有了事先的准备，更容易应付情绪的困扰。

知识分子往往容易犯的错误是，没有做第二步，没有重新打破隔离，投入生命中。他们沉迷于“演习”的良好感觉，不愿意离开，也害怕在情绪中失败。这不是理智本身的错误，而是应用者的错误。

我们让他们的子人格相互认识，就是打破他们的隔离，让他们重新接触情感和情绪，投入生活。这是有一点风险的，但是，隔离更危险，因为隔离会让人失去生命力，失去真正的生命，有风险的生活也总比没有生活要好。

No. 3 增进自我接纳的办法

让相互矛盾、相互厌恶的子人格改善关系，可以减少内心矛盾、增加自我接纳。

让相互矛盾、相互厌恶的子人格改善关系，这样可以减少内心矛盾、增加自我接纳。

例如，一位女来访者有两个矛盾巨大的子人格，一个叫“赫拉”，是一个很严厉的母亲形象，性观念非常保守；另一个叫“维纳斯”，是一个性欲很强、很开放的女性形象。这两个子人格关系极差。“赫拉”骂“维纳斯”是荡妇，而“维纳斯”骂“赫拉”是老妖婆。她们的矛盾使来访者产生对人恐惧症，一遇到异性，“维纳斯”就要挑逗，而“赫拉”就要骂“维纳斯”。

心理咨询师劝“赫拉”放弃过于严厉的性道德，启发“维纳斯”看到“赫拉”的优点，就像调节两个人的关系一样，当双方关系改善，来访者的心理矛盾就会减少。当然这个过程是反反复复的，要持续很久。在来访者已经基本好了的时候，有一次她在酒店的大厅等朋友。耳边飘来两个男人的议论，“她见谁都放电”。她马上脸红起来，以为是在说自己。而且她心里有一个声音在说，“你看，别人都在说你了。小心一点吧。”这是“赫拉”在劝告“维纳斯”，口气比较温和，说明双方关系已经好转了。而“维纳斯”回答说：“理智点，这两个男的肯定是在说别人，他们又不认识我。”这时她向两个男子方向看了一眼，却不巧其中一个男的也正在向这个方向张望。这个偶然使事情发生了变化，“维纳斯”忍不住想象这个男人是被自己的美貌所诱惑了，“赫拉”也控制不住说她“不知羞耻”，“维纳斯”也生气了，干脆开始想象床上的镜头。本来已经改善的关系一下子化为乌有。

在这个过程中，会出现很多预想不到的情况。一个心理咨询师要随时用意象对话做调节。重要的是要促进子人格之间的相互接纳。

除了这种相互攻击性的冲突，还有一种常见的情况就是一个子人格厌恶、轻视另一个子人格。例如，一个“英雄”子人格轻视另一个叫作“大哥”的子人格，因为这个“大哥”个子矮小、胆小怕事、形容猥琐、好色淫贱。这样，来访者就有内心的冲突。每当他发现自己“大哥”的一面出现，内心中的批评声音就出现了：“这个废物”“这个肮脏的家伙”。心理咨询师要帮助来访者找到被轻视的子人格身上积极的一面，让“英雄”不再讨厌他，不再轻视他。再如，“美女”子人格对“青蛙”往往也是轻视的，因为她觉得青蛙丑陋。但是，可以帮助“美女”接受青蛙，帮助她发现，丑陋的青蛙有谦和、善良、关心别人的优点，而这些优点，骄傲的“美女”自己恰恰是缺少的。

没有做过意象对话或人格意象分解，你真的想象不到子人格之间的冲突可以强烈到什么程度。有个子人格是个侏儒，比较丑陋，其他子人格一见到他就打他，往他脸上唾口水，把他扔到泥沟中，种种暴行可以用“令人发指”来形容，没有一丝一毫的同情心。

你也想象不到子人格之间的关系复杂到什么程度。

有一点必须注意，有时候来访者对自己的某一个子人格非常讨厌或者非常愤怒，他会产生“消灭”这个子人格的念头。如果刚好心理咨询师也发现，来访者的心理问题恰恰来源于这个子人格，心理咨询师也许也想干掉这个讨厌的子人格。这却是绝对不应该的，而且也是绝对不可能的。在物质的世界中，我们可以处死一个杀人犯；但是在心灵世界中，没有一个子人格可以被“消灭”。就像在梦中会出现这样的情况，我们一枪杀死了敌人，但是随即这个敌人就又站起来了。

每个子人格中都包含着不同的“心理元素”，我们可以改变子人格，让这些“心理元素”的状态和结合情况发生变化，但是不可以让某一个元素消失。就像物质世界中有“物质不灭定律”一样，这个定律可以说是心灵世界的“精神不灭定律”。

精神不灭定律并不是绝对的，在大觉悟和大爱足够的时候，某些黑暗的元素会“灭”。觉悟是光明，光明足够的时候，黑暗会减少甚至消失。但是，如果一个人试图通过“杀死”子人格的方式消灭心理元素，那是绝对不可能的。就像用刀子试图割掉黑影子一样，这是荒谬的；而且“杀死”这一行动代表的是压抑、是不接纳、是愤怒和傲慢等情绪和态度，这些本身就是黑暗的，用黑暗来除去黑暗更是绝对不可能的事情。

No. 4 每个人都“本自具足”：子人格间的互补之道

假如有一个子人格有心理问题或障碍，在同一个人自己身上，必定有另一个子人格包含着解除这种心理问题或障碍的“良药”。

金庸小说《神雕侠侣》中有一个情节，主人公杨过中了一种叫作“情花”的毒，找不到药来解毒。来自天竺的神医想要找能解这种毒的药物，于是就专程到生长“情花”的山谷中寻找。他认为：一个地方生长什么毒，也就必定会生长能解这种毒的东西。后来，他找到了解毒的药物，那是另一种毒药，叫作“断肠草”。

这个情节是一个隐喻，“情花之毒”是指爱情的痛苦，而只有“断肠之痛”才可以解除爱情的痛苦。而“一个地方生长什么毒，也就必定会生长能解这种毒的东西”这个想法也是中医很相信的一种说法，在药物来说是不是这样，我们不得而知。不过如果作为一种心理象征来说，事实刚好是这样。

假如有一个子人格有心理的问题或障碍，在同一个人自己身上，必定有另一个子人格包含着解除这种心理问题或障碍的“良药”。

可以这样假设：每一个人都具备所有的人的心理元素，只不过有些心理元素占据了主导地位，有些被压抑或忽略而潜藏着。某个子人格偏向了一方，必定有另一个子人格会偏向相反的方面。假如让这两个子人格相互补充，则心理的问题就会解决。

正如前面的例子：“美女”的优点是自信、美丽、优雅，但是有一个缺点就是容易傲慢。而医治“傲慢”这种病的“良药”就在“青蛙”身上，那就是青蛙的谦和、善良、关心别人。而医治“青蛙”的自卑的“良药”则在“美女”身上，那就是自信，自信可以使青蛙变成王子。

因此，可以用子人格互相补充的方法，让来访者的两个子人格相互补充不足，就可以构造更好的、新的子人格。

某来访者的子人格中，有一个寂寞的老年人，他一生勤劳，现在已经没有力气干活了。他总是想让儿女关心他，但是儿女都非常忙碌，没有时间管他。老年人很伤心、忧郁。

我们在同一个人的子人格中找到了一个小女孩。这个小女孩父母都不在身边，很胆小，总是自己待在屋子里，看着外边的云彩发呆。我们可以在想象中引导来访者编一个故事。这个故事要让老年人和小女孩成为朋友。小女孩可以和老爷爷一起玩。这样，小女孩不再孤单，有了老人保护；而老年人也不再寂寞，有了小孙女陪他。双方都会感到更加快乐。老年人不再需要在子女那里徒劳地寻求关心和安慰。

编这样的故事，可以给来访者启发，要消除孤独和抑郁，可以寻找适合自己并且需要自己的人，和这样的人交往。如果有时候自己像一个老人，就可以在实际生活中和孩子在一起。如果有时候自己像一个孩子，就可以定期去帮助敬老院的老人。这样，自己的烦恼就会减退或消除。

还有一个简单的调节方式，不需要心理治疗师有很多经验，也可以达到一定的效果。这个方法就是让想象中的所有子人格相互拥抱、合为一体；或者让主要的子人格——拥抱其他子人格，并结合为一体。用这样的方式重组人格。经过一次分裂和重组，人的心理状态就可以有改进。因为子人格相互拥抱是自我接纳的象征性体现，如果一个人的各个子人格之间都有了更多的接纳，各个子人格都相互融合、互通有无、互相帮助，这个人的整体心理状态怎么可能不更好呢？

Part 16

生生灭灭：
子人格的“演变”和人格改变

No. 1　“生无所息”：子人格的演变

子人格会发生质的变化，表现为有的子人格消失，有的新生，也有几个子人格结合了，或者一个子人格裂变为两个。

子人格不是固定不变的，在改变子人格之间的关系的同时，实际上子人格本身也会随之变化。

有的变化是量的变化，有的子人格加强了，有的子人格减弱了。更有一些质的变化，有的子人格的性质变了，以至于他需要变成另外的样子。

在想象中，质的变化表现为有的子人格消失了，有的新生了，也有几个子人格结合了，或者一个子人格裂变为两个。每个子人格有他自己的“自我界限”，但是，这个自我界限不是不能突破的，在突破的时候，这个子人格会改变。子人格的演变可以在生活中自发地产生。虽然我们自己没有意识到，但是实际上在我们的生活中，子人格在暗中不断地出生或消亡。

看一个例子，还是西碧尔的案例。一个叫丹尼的少年爱上了她，他唤起了她记忆中有过的被爱的感觉。这个被爱的女孩化为了一个新的子人格维基。这就是维基自发出生的过程。

丹尼站起身来要走了，西碧尔坐在台阶上一动不动。“嗯，西碧尔，”他说道，“嗯……”

他被少年的窘迫所压倒，话不成句地沉默下来，朝着西碧尔坐着的地方弯下腰去。他在她脸颊上轻轻吻了一下，便往后退，转过身子，走了。

西碧尔从幼儿时代起，哪怕最偶然的身体接触，都会使她躲闪。如今她感到一阵喜悦的震颤在身上传遍。

爱使维基出现了。

天空多么晴朗，维基一边想着，一边从门前台阶上站起身来。在西碧尔隐去之时，维基步入了现实。

维基绕着这带黑百叶窗的白房子走了一圈。能驱动这第一次整个属于她维基的躯体，是多么美好啊。

这个维基不害怕她那精神病态的母亲，也知道如何对付她。

“那男孩走了吗？”海蒂在维基走进厨房时问道。

“走了。”

“你不该坐在那么凉的地方。会得肺炎的。你知道自己身体不壮。”

“我对这中西部的冬天早已习以为常，与那冬天相比，这秋天的气候简直是儿戏。”维基答道。

“别跟我来这一套。”海蒂警告道。

“我只不过摆了摆事实。”维基道。

“嗯，”海蒂换了话题，“埃尔德维里给我寄了一个包裹，你去邮局替我拿一下。”

我们也不是对自己的子人格的生灭一无所知，在梦中，我们会知道一些潜意识发生的事情。

有一个来访者在经过一段时间的心理咨询后，梦到一个老者死了。四个男子在给他送葬，他们唱着歌，非常高兴地说：“他死得好极了，他会再生为一个孩子”。

细分析，我们知道这个死者是他的一个子人格，一个“顽固、怨天尤人”的人，他死去意味着这样的特点在他身上消除了。新生的他变得更为天真，没有偏见。

有的读者也许会说：“这里有一个自相矛盾的地方。这本书里说到过，我们不可能杀死任何一个子人格，也不可能消除任何心理的元素。为什么这里的‘老者’可以死呢？”

可以给出一个解释，我们不可以杀死子人格，但是子人格可以“自然死亡”。也就是说，我们不能强制一个子人格改变，但是，在适当的条件下，子人格自己是可以改变的。区别在于，用不接纳的态度，不可能消除任何心理障碍；相反，在接纳、爱、自觉等因素的影响下，子人格会自发地改变。

老者死了，是不是他所带有的心理元素就消失了？没有，因为“他会再生为一个孩子”。在这个孩子身上，老者的心理元素依旧存在，不过变成了一种新的形式，不是那么消极了。如老者的固执，变成了这个新生的孩子的认真和有主见。这个孩子很独立，有些顽皮，而且不听大人的话。老者的怨气没有了，但是转化出的孩子是非分明，路见不平就想拔刀相助。

我们的潜意识也会用一些行为来体现子人格的生灭。

记得琼瑶小说中的一个女孩，在受到巨大打击的时候，跳到河中要自杀，但是她并没有死。当她从水中离开时，她觉得“过去的自己已经死了，一个新的自己在水中诞生”。

在我看来，这个女孩的“入水”“出水”并不是一次自杀，而是一个仪式。通过这个仪式，她强调了一个子人格的死亡和另一个子人格的诞生。

演变有几种，有的时候像物理变化，一个子人格的元素没有变化，只是状态改变了。

例如，“少女”变成了“少妇”，性能量由弱变强，但是性质没有变。

演变有的时候像是化学变化，人的各种心理元素重新组合。

例如，“色鬼”“李逵”和“书生”结合了，色鬼和书生都缺少勇气和力量，但是李逵有的是勇气和力量，色鬼给了李逵所缺少的性冲动，书生又给了李逵文质彬彬，于是形成了一个新的人格“风流侠客楚留香”。

演变有的时候像是核物理的变化，心理元素都改变了。

例如，“王”的生命力是个体化的，是自私的。但是它可以变成“造物主”生生不息的力量。“母爱”是个体的，是一种动物的本能，但是，它可以变成宇宙中最大的“爱”。这种演变是最难得的，也是最伟大的。

即使是消极的情绪，也一样可以转变为伟大的。李白所说的“与尔同销万古愁”，陈子昂的“前不见古人，后不见来者，念天地之悠悠，独怆然而涕下”。悲愁超越个体，就成为伟大的，其心理元素已经发生了质的变化。

伟大的文人和平凡的文人的区别，就在于伟人可以超越个体的局限，把人的命运提升到宇宙的层面。这样，每一种琐碎平常的人生都有了新的超越的意义，我们可以很恰当地把这种本领称为“点石成金”，从石头到金子，这是一种核物理的变化。

No.2 子人格的“物理和化学”演变

“物理演变”是加强或减弱某个子人格。“化学演变”是子人格的心理元素在不同子人格间传递。

子人格转变可能在一次咨询中就完成，也可能需要很长时间。

“物理变化”式的子人格改变是比较容易的，鼓励就仿佛是加热，可以增强这个子人格，忽视就仿佛冷却，可以减弱这个子人格。关心就仿佛水，可以让这个子人格软化，或者锈蚀某些子人格。

鲁迅在《过客》一文中写到一个孤独的、疲惫的过客，他明知道前面是坟墓，还是勇敢地一往直前。不过这个过客有一个奇怪的特点，就是拒绝关怀。路上有一个小女孩关心他，但是他拒绝了。

像这样的过客，如果用金属作比喻，是钢铁做的人。所以他有铁一样坚强的意志。也正是因为他是钢铁，所以害怕关怀的水，害怕自己被锈蚀。他觉得自己一旦接受了关心，一旦停下来，积累已久的疲惫就会使他垮掉，会儿女情长、英雄气短，也就是被锈蚀。

“化学变化”式的子人格演变也比较容易，因为心理元素都现成存在，只不过是需要一个化学反应而已。

在一次咨询中，来访者发现自己有两个子人格。一个是个子很高的女性，装束很张扬，走着模特的猫步，卷发烫成爆炸式的，脸很白。来访者对这个子人格有些害怕。还有一个子人格个子要矮得多，外表是村姑的样子。

我让她想象这两个子人格相互握手，拥抱。这两个子人格的形象马上就发生了变化，矮个的村姑个子一下子就长高了。来访者随即想象到的情景是，这两个人并肩走在城市的路上，“模特”像男人一样揽着“村姑”的肩头，两个人都很愉快。

在象征意义上，模特代表的是她自信而张扬的那部分性格。但是，她对自己的这一面有一点害怕。村姑代表她淳朴的一面，但是有一点自卑。两方面的结合，模特的自信传递给了村姑，所以村姑“瞬间”就长高了。

金庸的小说中，人与人可以传递一种神秘的叫作“内力”的东西。一个本来很一般的武士得到了别人的内力，马上可以力大无穷。例如，《天龙八部》中写小和尚虚竹遇到“逍遥子”，逍遥子为他传递内力的一段是这样写的：

那人哈哈一笑，突然身形拔起，在半空中一个筋斗，头上所戴方巾飞入屋角，左足在屋梁上一撑，头下脚上地倒落下来，脑袋顶在虚竹的头顶，两人天灵盖和天灵盖相接。虚竹惊道：“你……你干什么？”用力摇头，想要将那人摇落。但这人的头顶便如用钉子钉住了虚竹的脑门一般，不论如何摇晃，始终摇他不脱。虚竹脑袋摇向东，那人身体飘向东，虚竹摇向西，那人跟着飘向西，两人连体，摇晃不已。

虚竹更是惶恐，伸出双手，左手急推，右手狠拉，要将他推拉下来。但一推之下，便觉自己手臂上软绵绵的没半点力道，心中大急："中了他的邪法之后，别说武功全失，看来连穿衣吃饭也没半分力气了，从此成了个全身瘫痪的废人，那便如何是好？"惊怖失措，纵声大呼，突觉顶门上"百会穴"中有细细一缕热气冲入脑来，嘴里再也叫不出声，心道："不好，我命休矣！"只觉脑海中愈来愈热，霎时间头昏脑涨，脑壳如要炸将开来一般，这热气一路向下流去，过不片时，再也忍耐不住，昏晕了过去。

只觉得全身轻飘飘地，便如腾云驾雾，上天遨游；忽然间身上冰凉，似乎潜入了碧海深处，与群鱼嬉戏；一时在寺中读经，一时又在苦练武功，但练来练去始终不成。正焦急间，忽觉天下大雨，点点滴滴地落在身上，雨点却是热的。这时头脑却也渐渐清醒，他睁开眼来，只见那老者满身满脸大汗淋漓，不住滴向他的身上，而他面颊、头颈、发根各处，仍是有汗水源源渗出。虚竹发觉自己横卧于地，那老者坐在身旁，两人相连的头顶早已分开……

那老人眯着双眼，有气没力地一笑，说道："大功告成了！乖孩儿，你福泽深厚，远过我的期望，你向这板壁空拍一掌试试！"虚竹不明所以，依言虚击一掌，只听得喀喇喇一声响，好好一堵板壁登时垮了半边，比他出全力撞上十下，塌得还要厉害。虚竹惊得呆了，道："那……那是什么缘故？"那老人满脸笑容，十分欢喜，也道："那……那是什么缘故？"虚竹道："我怎么……怎么忽然有了这

> 样大的力道？”那老者微笑道：“你还没学过本门掌法，这时所能使出来的内力，一成也还不到。你师父七十余年的勤修苦练，岂同寻常？”虚竹一跃而起，内心知道大事不妙，叫道：“你……你……什么七十余年勤修苦练？”那老人微笑道：“难道你此刻还不明白？真的还没想到吗？”……越说声音越轻，说到第二个“很好”两字时，已是声若游丝，几不可闻，突然间哈哈哈几声大笑，身子向前一冲，“砰”的一声，额头撞在地下，就此不动了。虚竹忙伸手扶起，一探他鼻息，已然气绝。

在现实的物理世界中，这是不可能的事情，也不存在一种像“气”的物质性的“内力”。不过在心理意象的世界中，这是理所当然的，时时刻刻会发生的事情。“内力”就是心理力量的象征。我们的例子中模特把“内力”传给了村姑，村姑马上就有了力量。

顺便说，金庸小说中的部分情节和意象对话以及人格意象分解中发现的规律很接近。我认为这不是偶然的，而是因为金庸是一个对自己的内心非常敏感和有洞察力的人，而且在写作时，他的想象活动是自发的，所以表现了他潜意识的规律。

假如在想象中有这样的两个子人格——“逍遥子”和“虚竹”，“逍遥子”应该包含“自由”“王”“力量”“聪明”等元素，而“虚竹”应该有“承当”“爱”等元素，“逍遥子”把“力量”“王”等元素给了“虚竹”后，可能发生的事情是会和小说不同的。“虚竹”会变得更威严，有气魄。而“逍遥子”剩下的有“自由”“聪明”，应该化成“鹤”子人格。当然，在小说中如果写“逍遥子”化鹤而去，那就不是武侠小说而是神话小说。

No.3 子人格的“核物理”演变：让你脱胎换骨

在“核物理”式的变化发生后，来访者会用这一类的话来表达，“我已经不是原来的我了”“过去的我已经死了”。

“核物理式”的演变是比较困难的，这样的演变使心理元素都发生了变化。这样的变化是这个人根本的变化。有了这样的变化，在心理的意义上，这个人已经不再是原来的人，他已经“脱胎换骨”。

在生活中，遇到极端强大的打击，会使一个人出现“核物理式”的变化。金庸小说《倚天屠龙记》中，金毛狮王谢逊本来是一个善良、淳朴、尊重师长的人，但是他最尊重的师傅却害死了他的全家。一家被害后，谢逊性情大变，变得杀人不眨眼。这便包含了核物理式的变化。本来的一些爱和温情变成了攻击性和敌意。但是，爱和正义感并没有全部消失，所以在以后，当受到积极的观念的影响后，谢逊可以再一次发生相反方向的核物理变化，把攻击性转化为智慧。

还有一个类似的例子，来访者是一个女大学生，因和男朋友相处产生了问题来做咨询。在咨询中发现她的一个子人格是“黑眼圈蜜蜂”。蜜蜂这个形象有两重性：一是甜蜜，二是蜇人。而在咨询中，这个蜜蜂转为了一个“太阳女王”的形象。“太阳女王”的阳光是金黄色的头发，就像小蜜蜂花纹中的黄色；太阳的黑子就像小蜜蜂花纹中的黑色。太阳的炽热象征着她的愤怒，就像小蜜蜂的毒针。但是，蜜蜂的毒是压抑后爆发攻击性，象征着一个自卑者的愤怒。蜜蜂是一个小昆虫，它蜇人是害人也不利己的行为，实际上，自己受的害是更大的。来访者一开始就像蜜蜂，平时忍让，而积攒了愤怒后就与男朋友大吵，用最狠的话刺伤对方，而同时自己也很伤心。而后来的她则像太阳，愤怒了就坦诚地、直率地表达自己的愤怒。这样，他们的关系就开始改善。

从蜜蜂到太阳就是一个核物理式的转变，“攻击性”变成了“王者”的权威性，自卑变成了自信。

在短期的心理咨询中，我们促成的是来访者的“物理式”“化学式”变化。而在长期的心理咨询中，应当立志促成来访者的“核物理式”的变化。

在“核物理式”的变化发生后，来访者自己会感受到，而且会用这一类的话来表达，“我已经不是原来的我了”“过去的我已经死了”。

No.4 子人格演变也有规律

我见过不少的“毒蛇”，后来她们都变成了孔雀，其中还有一些变成了仙鹤。从没有例外，从没有见到过谁的蛇会转化为兔子、猫或者鸽子。

子人格的演变虽然不像物质的变化一样可以看到，但是也像物质的变化一样现实，绝不是可以随便想怎么样就怎么样的。

下面用一个例子说明。

有一位女性，原来的性格是非常具有攻击性的。她和别人交朋友很困难，因为别人无意的一句话就会得罪她，而她当时也许不说什么，早晚一定要等个机会报复一下。在人格意象分解时，她发现自己有一个子人格是毒蛇。“毒”往往象征着攻击性，因此毒蛇和无毒蛇的象征意义不同，无毒蛇象征着攻击性小，毒蛇象征着攻击性强。

经过一段时间的心理咨询，经过她自己的心理调节，她的人际关系大大改善。她不再那么敏感多疑，而且她变得很自信。原来对自己的相貌不自信，而现在她相信自己的气质很好。原来对自己的性格不接纳，现在她也开始欣赏自己。她的“毒蛇”不见了，替代它的是一个新的子人格孔雀。在意象对话和人格意象分解的过程中，出现的孔雀意象的意义和日常以为的意义不完全相同。一般认为孔雀就是美丽的象征，可能还象征着骄傲、虚荣和爱炫耀自己。实际上，孔雀象征着自信、骄傲、勇敢、美丽，还象征着对不良心态的克制。我们心目中的孔雀是娇弱的鸟，而实际上孔雀象征着很强大的心理力量。在她想象中，孔雀站在地府的门口，用坚定的目光盯着底下，不让地府中的鬼有机会出来。她的想象中的孔雀就是很有力量的。当时她自己也非常惊讶地说：“为什么我想象的孔雀和一般孔雀不一样，这样强有力？”

孔雀意象的特点虽然和一般人认为的不同，但是和许多民族的神话传说、和佛教印度教所说的神话孔雀的特点却极为相似。记得佛教传说中的“孔雀明王”是一个非常有威严的王者，传说中也认为孔雀可以“镇压鬼魔”。虽然表面上孔雀和毒蛇不同，孔雀没有毒，但是我们知道，在传说中，毒性最强的东西中就有孔雀胆。在佛教的传说中，孔雀以毒草为食物。对别的动物来说是要命的毒草，对孔雀来说却是使它有力量的补品。意象中的孔雀也是一样。毒蛇象征着的是自卑者的攻击性。自卑者像蛇一样潜伏在暗处，暗暗咀嚼着自己的仇恨，直到找到了时机，才突然窜出来咬别人一口。而且，他们的攻击往往会用“口”。例如，挖苦别人、说别人坏话等。在精神分析学派看来，他们是所谓“口欲攻击型的人格”。孔雀象征着用自信来补偿了自卑，因为她的自信还不稳固，还包含着补偿的因素，所以会表现出矫枉过正，表现为骄傲。但是，她的攻击性毕竟得到了转化，变成了孔雀的胆。众所周知，胆象征着勇气。可以这样理解，她的攻击性变成了“勇气”。这也正是心理咨询中的她所发生的转变，攻击性变成了勇敢。过去她愤怒的时候，不敢直接表达，而现在她一旦愤怒，就敢于直接说出来，直接表达自己的不满。这样她整个人都变了。别人也能够接受她，因为她更坦白。

过了一段时间，她的孔雀演变为新的子人格——仙鹤。

仙鹤象征着自由、超脱等，表面上仙鹤没有攻击性。但是实际上，在我们的意象世界中，仙鹤也是有攻击性的。在传说中有一种和孔雀胆一样剧毒的毒药，叫作“鹤顶红”。

鹤的“毒”是在头顶，象征着鹤的骄傲和攻击性都和“头”有关。实际上，用鹤做象征的子人格是一个“理性”的子人格，是一个聪明并以自己的聪明为骄傲的人，有时语言刻薄，善于用鹤一样的嘴攻击人。现在的她正是这样，她变得更为自信、优美，偶尔在攻击别人的时候，是用理智攻击，用言语攻击，她会像鹤一样“牙尖嘴利”。

在这样的过程中，可以看到“毒”始终存在，从蛇毒变为孔雀胆又变为鹤顶红，所以，这个元素没有发生“核物理式”演变。但是，“自信”的元素替代了“自卑”。“毒”和不同的元素结合，特点也改变了。蛇的毒是有害的；孔雀的毒却是利大于弊，“毒”是孔雀的傲慢，但是也给了孔雀力量和胆魄；仙鹤的毒也是利大于弊，仙鹤也傲慢，不过它的傲慢不像孔雀那么明显，毒给了仙鹤机智、讽刺的智慧。优秀的仙鹤可以像写《围城》的钱钟书一样，谈笑之中暗含机锋。

这是一个心理现实，一方面是因为很多神话、传说和意象的特点变化不谋而合，绝不会是偶然；另一个理由是，不论是谁，不论他是不是了解技术，只要她有同样的意象，转变的规律都一模一样。我见过不少的“毒蛇”，后来她们都变成了孔雀，其中还有一些变成了仙鹤。从没有例外，从没有见到过谁的蛇会转化为兔子、猫或者鸽子。而仙鹤如果想进一步变成凤凰，就比较困难，凤凰必须有“爱”的元素，而仙鹤比较缺少爱，所以必须找到一个子人格，它带有爱的元素，而且还必须可以和仙鹤“化合”；或者就是要有“核物理式”演变，而“核物理式”演变就比较困难。

Part 17

你中有我，我中有你：

用人格意象分解方法调节关系

No. 1　人格意象分解心理咨询与治疗的步骤：灵活应用“六步法”

设计意象对话调节方案，首先要有一个关于来访者问题的基本分析，找到和心理问题相关的直接责任子人格、间接责任子人格，以及它们的关系模式。

前面已讲过用人格意象分解做心理咨询与治疗的四大重要部分：识别、替代、调节和演变。现在讲一下人格意象分解做心理咨询与治疗的基本步骤。

第一步，对来访者的问题做一个基本的分析。可以用心理动力学的思路来做分析，看一看在表现出来的问题之下有什么更深一层的原因。也要用意象对话和人格意象分解的思路分析来访者问题的实质。

第二步，把来访者的问题具体化。为了达到这个目标，这里提出几个概念：直接责任人、间接责任人、关系模式。直接责任人指的是直接和心理问题有关的子人格。间接责任人同样卷入心理问题，不过不是直接的，而是通过影响直接责任人间接卷入。例如，直接责任人对别人进行攻击的时候，他支持直接责任人，教唆直接责任人，或者劝解直接责任人等。关系模式指的是直接责任人、间接责任人行为和交往构成的模式。

第三步，在心理咨询和治疗中，随机应变地调节和引导来访者。也可以根据来访者的心理问题，选择和设计一个心理训练。这个心理训练应用意象对话方法调节改变子人格。

第四步，根据来访者的反馈修改心理训练设计，以达到更好的效果。

第五步，来访者的问题往往比较复杂，在第三步的时候，可以先针对一个问题做心理调节，而暂时忽略其他问题。在第一个问题得到改善后，可以再针对另一个问题做调节。注意，并不是等一个问题完全解决后再调节另一个，因为人是一个整体，人的各个心理问题之间都是有关联的。在其他问题没有解决的时候，想先彻底解决一个问题几乎可以说是不可能的。所以，在一个问题改善后，就调节另一个，然后在时机合适的时候再回来调节这一个，这样来来回回地调节是更有效的方法。

第六步，评估效果，暂时结束调节。暂时结束调节是因为调节不可能到达尽头，问题不可能彻底解决。也许只有佛、菩萨才可以说是没有心理问题的，任何一个人多多少少必然会留下少许心理症结。我们得到满意的好转时，就可以结束心理咨询与治疗。

当然，在实际心理咨询与治疗中，你未必需要遵循以上步骤。心理咨询与治疗的过程与其说跟工厂生产一样的按部就班的过程，不如说是如同恋爱或如同武士的比武，是一个不可以预测的变化的过程。如果你执着于步骤，则会显得非常笨，因此需要心里有一个大概的步骤又随机应变，才可以达到效果。只要效果达到了，方法怎么用都可以。

No.2 人际问题的归因：为自己负责

人际关系上出现问题的人，一个重要的原因就是他的归因不合理。

在人格意象分解的理论看，人际关系问题都可以看作个人内部的问题。我们相信调节了自己内心的冲突，外在的人际关系就可以改善。

外部矛盾是内心矛盾的投射，我们所恨的人往往是自己，我们所讨厌的人往往是自己，我们所不回避的人往往还是自己。

我们自己可以为人际关系中出现的问题负责。

当然，反过来说也对，所有我们内心的心理问题也都是外界问题的反映。

外人也可以为我们的心理问题负责。

从绝对的意义上说，假如一个人自己的内心达到纯粹的光明澄澈，有大智慧，有大爱心，即使外界环境不好，他也不会有心理问题。反之，假如一个人的外在环境是至善至美的极乐世界，他身边的人个个无比善良、无比智慧，他自己即使有心理问题，也会迅速消解。但是，这些都是空话，因为我们自己和外界都不可能十全十美。

可以选择角度，可以把问题归咎于别人，也可以自己担负起责任，当然也可以把有些问题归咎于别人，把有些问题归因于自己。

人际关系上出现问题的人，一个重要的原因就是他的归因不合理。过多归咎于他人就会产生攻击倾向，过多归咎于自己的人则容易产生抑郁情绪，归咎于他人但是不敢反抗转而归咎于自己的人还会产生被动攻击行为。

有些人过分地把问题归咎于自己。

很小的孩子就是这样。当他的父母大吵大闹要离婚的时候，孩子会可怜巴巴地说："爸爸妈妈不要离婚了，我再也不淘气了。"他把父母闹离婚的责任归到了自己身上，其实父母离婚是父母的事情，和孩子是不是淘气几乎没有关系。

有些人虽然长大了，心态上还不成熟，所以外界出了什么问题，他都会归咎于自己。如丈夫虐待妻子，她以为"肯定是我不好，是我不招人喜欢"。这样的人会走向自卑、自罪和抑郁。

有些人过分地把问题归咎于别人。

罪犯大多是这样的人，他不认为自己有什么责任。他偷东西，是因为社会对他不公平，为什么有的人身价亿万，而自己却穷困潦倒；他伤人，是因为对方太可恨；他诈骗，是因为别人都太傻了，活该受骗；他强暴妇女，是因为那些女人自找。

不仅罪犯会这样，一般人也常常是这样。我们工作中出了问题，是因为老板专制、同事是小人、下属偷懒；我们家庭不和，是因为对方太不讲理；我们和朋友有矛盾，是因为朋友小气、自私、不懂事……

造成人际矛盾的原因，最多见的就是因为归咎别人太多。即使是那些喜欢把别人的错误揽在自己身上的自罪、自卑者，在内心深处也一样在归咎于别人。他们嘴上在说“都是我不好，我不招人喜欢”，而潜台词却是“你们应该喜欢我，应该更多地关心我，你们不这样做我就会抑郁伤心，就会痛苦悲哀，我需要你们大家怜悯我”。而在他看来，大家没有达到他的期望。直接归咎于别人的人是主动攻击者，而自罪自责者是被动攻击或者说隐蔽的攻击者。被动攻击者不直接批评别人，但是他们会用拐弯抹角的方式间接批评别人。他不说“你对我不好”，而说“我这个人命苦”。他不提出要求，但是在别人高兴的时候，他会突然哭起来。如果别人让他做什么事情，他不会直接拒绝，但是他会磨蹭、会做错、会发生小事故……

依赖性强的人身上，被动攻击出现得多。原因是依赖性强的人不敢直接、主动地攻击，他害怕这样会激化矛盾，害怕发生直接的对立，害怕关系破坏，害怕被抛弃而无人可以依赖。被动攻击是一种有掩饰的攻击，表面上不是攻击，所以不至于引起直接的对立和冲突。

人际关系中的另一个常见问题是回避。回避行为的根本原因是恐惧。

之所以恐惧别人，归根结底是恐惧我们自己内心中的某个东西。如果自己心里没有让自己恐惧的东西，一个人不会轻易害怕。

我们内心中恐惧的是什么呢？最主要的就是被禁止的欲望，主要是攻击的欲望和性的欲望。我们恐惧是因为我们知道在自己的心中有一个子人格在努力追求某一个目标，我们恐惧是因为我们知道另有一个子人格坚决不允许这个目标实现。追求者日夜不松懈地寻找机会，试图实现自己的目标；阻止者必须时刻警惕，害怕出问题，这就引起了恐惧。

有时在异性之间，会莫名其妙地出现冲突。而经过仔细分析，我们发现在潜意识中他们之间有性的吸引力，而双方又都在压抑这种性的欲望。冲突是为了让他们能保持一个足够的距离，以避免危险的吸引力。

回避是克服恐惧的手段，老子说过："不见可欲，使民心不乱。"回避了，心就安静了。但是回避久了，自己就不可避免感到孤独、寂寞，而且身边的人也感到你不可以亲近。

还有一个问题是冷漠，它是最严重的人际关系问题，是压抑到了极点的结果。

No.3 向内找原因：人际关系问题的"责任子人格"

在一个人正伤心的时候，我们需要了解是哪个子人格正在抑郁，这就是抑郁情绪的直接责任人。

有些子人格直接反映了人际关系中出现的问题。

在一个人愤怒很强的时候，很难做到反观自己。虽然恰恰是这时他最需要反观自己。

不过，假如一个人的愤怒不是很强，或者愤怒虽然强但是他的定力更强，他就可以直接做一件事，闭上眼睛问自己"是哪个子人格在发火？"于是，正在发火的子人格形象就会出现在他眼前。这个正在发火的子人格就是这次愤怒和攻击行为的直接责任人。

有些子人格本身蕴涵的攻击性很强，容易引起人际的冲突。

在一个人的子人格中，如果看到了代表攻击性的动物形象，也可以判断他可能会因攻击性强而造成人际冲突。攻击性强的动物包括蛇、蜘蛛、蝎子、狼、鬣狗、鲨鱼、鳄鱼、狗、狮子、虎、鹰等。前面的例子中提到过，孔雀、鹤等表面上没有攻击性的动物也隐含着攻击性。

死神、魔鬼、恶巫婆、恶鬼、夜叉、牛魔王等意象也象征着攻击性。

攻击性不一定是坏东西，假如一个人的狮子、虎和鹰是比较纯洁的原始意象，他的攻击性是一种很光明的或者很正义的攻击，是路见不平拔刀相助或者义愤。狗的攻击性往往表现为维持正义和秩序，攻击那些不轨者。有攻击性的人心理力量更强大。

蝎子或蛇的攻击性则往往是有害的，是一种内心中深刻的仇恨和敌意。

由死神、魔鬼所体现出来的攻击性往往是破坏性的。

同样，在一个人正伤心的时候，也可以知道是哪个子人格正在抑郁，这就是抑郁情绪的直接责任人。

抑郁的子人格以动物意象出现的时候不多，只有虫子、癞蛤蟆或青蛙等少数几种动物，而且这些动物也不总是抑郁。青蛙有时候可以很快乐。抑郁的子人格大多是以人的意象出现。细分有两种：一种衣裳破旧肮脏、褴褛，面貌丑陋；另一种美丽，衣服也漂亮，以紫色为主。前一种抑郁是由于自卑，后一种往往是由于性的不满足，或者是由于自怜。

回避的子人格往往是封闭在屋子里，或者在堡垒里。

除直接的责任人外，务必不要忽略间接的责任人。发现间接的责任人比较困难，需要心理咨询师有敏锐的直觉。

某女性就曾经发现了间接的责任人，那天只是因为一件小事，她非常愤怒。过后，她很奇怪，为什么自己会发这样大的火？她找了一下直接的责任人，发现她是一个“耍赖的小孩”子人格。但是，深入体会后，她发现“耍赖的小孩”之所以那样愤怒，是因为有另一个子人格“魔鬼”在背后教唆。实际上，这是“魔鬼”在借“耍赖的小孩”的力量出现。我们都知道，在生活中，有的时候一个狡猾的人自己不出头，却用话激别的人、教唆别人去打架。在我们自己的内心中，同样的事情也时常发生。

分析子人格之间的关系模式也是非常重要的。子人格之间如果大多是相互隔离的，这个人在社会交往中也必定会相互隔离；子人格之间如果有矛盾冲突，这个人在社会交往中也必定有矛盾冲突。

No.4 反求诸己与爱邻如己：把握幸福的主动权

反求诸己，就是多从自己身上找原因，尽量不归咎于别人。爱邻如己，就是让所有子人格相亲相爱。

人际关系调节的原则可以分别用两句话来概括，那就是反求诸己、爱邻如己。

所谓反求诸己，就是在人际关系出了问题的时候，多从自己身上找原因，尽量不归咎于别人。

在出了问题的时候，从一个角度看，可以说几乎所有的问题都是自己的责任；也可以换一个角度，把所有问题都说成是别人的责任。为什么在这里强调多看自己的责任呢？

不要以为我是在说教，讲大道理。

很多人喜欢诿过于人，因为诿过于人有一个好处，它可以使我们不自责，可以让我们把自己看作“好人”，可以减少我们的焦虑。但是，他们不知道，实际上反求诸己对自己更有利。

如果我们诿过于人，也就等于承认了“我的幸福快乐与否，是操于别人之手的”。别人好，我才能幸福快乐，别人不好，我就只好愤怒或者抑郁。而别人怎么做，归根到底是由别人决定的，你虽然可以施加少许影响，但是不可能完全让别人按你希望的方式对待你。这样，你的幸福快乐在别人手上，你只好在别人那里得到。

你也许可以把幸福快乐抢过来，就像那些脾气很大的人一样。他们的潜台词是“你们必须对我好”，可是越是这样，别人在心里越是不满，即使对你好也是表面的。

你也许可以把幸福快乐骗过来，像花花公子一样，但是即使你成功地骗了别人，你却骗不了自己。在你自己的心中，会有一个子人格说“你这个人不怎么样”。

你也许可以乞求别人，就像那些抑郁悲伤的“伤心女孩”。你把自己弄得很惨，以求别人的怜惜。这是很苦的事情，时间久了，别人就烦了。你只好像琼瑶小说中的某些女孩一样，要么闹自杀，要么发疯，才能得到别人的怜惜。

你也可能失望了，不相信能得到幸福快乐，于是回避别人、回避生活，你的生活变得索然无味。

这都是因为你把幸福快乐交到了别人手中。

如果把责任担负起来，反求诸己；如果对自己说“我是不是幸福，说到底还是看我自己怎么想、怎么做”，你就有了主动权。你既然过去自己能让自己不愉快，现在就能让自己快乐。

别人怎么想怎么做，我们做不了主；但是自己怎么想怎么做，至少还是可以做八分主的。

所以聪明人，如孔子，就建议大家“反求诸己”，不要把这理解为一种“自我牺牲”，这实际上是一种快乐秘诀。

还有一个要点就是“爱邻如己”，这一点很简单，只不过我们要做一点澄清。过去大家以为这句话的重点是让我们“爱邻”，但是忽略了一个基础，就是爱己。

爱自己，才可以爱别人。在人格意象分解中，爱自己就是让所有的子人格相亲相爱。这是一切心理咨询的基础。

No.5 人格意象分解看朋友关系：是有缘人吗

可以这样说，“缘分”就是两个人有相似或相同的子人格。

民间有一个说法，两个人要成为朋友，一定要“有缘”。这个观点和西方社会心理学有所不同。例如，西方的社会心理学家会说，“两个人之间住的比较近，有邻近性，就会增加成为朋友的概率”。但是在中国人看来，邻近性只是交朋友的条件之一，并不是充分的条件。如果没有“缘分”，即使是很近也没有用；如果有缘分，即使很远也不要紧。也就是俗话说的“有缘千里来相会，无缘对面不相识”。

“缘”是什么呢？没有定义。不过，在人格意象分解中，可以这样说，“缘”就是两个人有相似的或相同的子人格。相似的子人格的存在，使两个人的相互了解更容易。因为只要体会一下内心中对应的子人格，就可以大致知道对方的情绪感受。如果两个人之间完全没有相似的子人格，这一点就很难做到。有缘的双方互相可以达到一定程度的“心心相印”，而没有缘的就很难达到。相似的子人格之间很容易产生共鸣，使两个人“知音”。

我们说过，在一个人内部，相似的心理经验相互吸引，在人与人之间，相似的心理经验也一样是相互吸引。当在别人身上发现了和自己相似的心理特质，我们会感到一种吸引力，使我们对对方产生好感，从而和他结交为朋友。这就是所谓的“缘分”。看着这个朋友，我们仿佛看着镜子中的自己，我们爱自己就会爱朋友。

有的时候，我们身上有一个自己也不喜欢的子人格，而身边另一个人身上刚好也有这样一个。我们会对他很讨厌、生气，他就像一个镜子，照出了我们自己脸上的疤痕。我们不喜欢自己，也不喜欢这个人。

如果一个人有和我们毫无相似的子人格，我们对他就会“没有感觉”，我们觉得他的生活和我们没有关系。虽然可以为了功利的目的和他交往，但是我们的心里对他很少会关心。

如果朋友发生矛盾，解决的要点是发现和矛盾有关的子人格。

举一个例子。她和另一个女孩是好朋友，在同一个公司工作。一次因为小误会，两个人吵了一架。也许是因为工作压力大，都有些烦躁，都说了伤人的话。事后，她很后悔，也想道个歉，重归于好。但是她说是因为女孩的傲气和小气没有这样做。另一个女孩随即出差了一段时间，再见面都有些尴尬、不自然，于是互相回避。她不希望这样，想主动道歉并与她和好。

如果从人格意象分解来说，可以先看看这个过程中这个女孩的哪些子人格“出场”了。可以发现，她似乎有两个成对的子人格。一个是非常重视朋友的她，这个她为了保持友谊宁愿道歉和让步。

我感觉这个子人格是一个委曲求全的性格，很怕得罪朋友；另一个子人格则是吵架时的她，我感觉那是一个愤怒的她，比较独立，不怕得罪朋友。

我估计她就是常见的那种女孩，平时委曲求全，宁愿委屈自己也不愿伤害别人。也正是因为这样，她在和别人交往的时候，自己的愿望总是放在第二位。天长日久，她心里就积聚了很多的委屈和不满，但是这个子人格是不允许自己发泄和表达这些不满的。

在吵架的时候，另一个子人格出现了。与其说是“失言”而说出了伤人的话，不如说是这个愤怒的子人格借机发泄自己的不满。这些吵架时的话正是平时想说而不敢说的话。

事后，委曲求全的子人格担心了，怕愤怒的子人格得罪了朋友，于是想用自己的方式主动道歉来解决矛盾。

尴尬和不自然，是内在矛盾的表现，一个子人格想道歉和好，而另一个子人格不愿意这样做，委曲求全的子人格也害怕自己会暴露出自己的另一个子人格，怕被朋友看出自己内心中的那个不愿意道歉的自己、不满甚至愤怒的自己。

归根结底，她的人际冲突是内部这两个子人格之间的冲突，“委曲求全者”对自己的“愤怒者”不满，认为她太容易得罪人。而“愤怒者”也对“委曲求全者”不满，认为她太没有自尊。但是，有“委曲求全者”的存在，就必然会有“愤怒者”，因为委曲求全的行为，正是积聚怨气、不满和愤怒的原因。而这样“愤怒者”的暴发就会很过度，这过度的行为也使“委曲求全者”更为内疚，从而加强了她以后的委曲求全行为。这就是一个双方互相强化的恶性循环，这就是两个子人格之间的关系模式。

要解决这个冲突，首先要让她内心中这两个子人格相互理解。让“愤怒者”体谅“委曲求全者”的胆小，理解她的渴望友谊，而且教她敢于表达自己；反过来，让“委曲求全者”肯定“愤怒者”的勇气和独立性，但是在“愤怒者”和别人争吵的时候，帮助她能把话说得委婉些，能帮助她对别人多一些体谅和理解。这样，双方的优点可以互相辅助，而缺点可以互相弥补，她的人际交往就可以大为改善，既不需要过分委曲求全，也不会在一怒之下，对朋友说出太伤人的话。即使“委曲求全者”偶尔有过分委曲求全的行为，由于有体谅，“愤怒者”也不会对“委曲求全者”太愤怒，“愤怒者”的不满少了，暴发的时候就不会行为太过分。即使“愤怒者”偶尔暴发过度，“委曲求全者”理解她，也不会有太多的内疚感，不会因此太过分地道歉，可以让这个事情过去就算了。这样，恶性循环就会减弱甚至可能终止。在终止后，“委曲求全者”就可以变成“合理让步者”，而“愤怒者”就可以变成“自我坚持者”。在需要让步的时候，她的“委曲求全者”负责让步；在需要坚持自己的意见时，“自我坚持者”可以坚持自己的看法、意见，维护自己的合理利益。这样，她的人际关系就得到了完全的改变。

在人格意象分解中，可以让她想象出这两个子人格，清晰地想象她们的外貌、服饰和性格，并且找到她们的名字（我刚才叫她们“委曲求全者”和“愤怒者”，只是我给她们起的名字，对每一个人来说，他的子人格会有自己的名字）。然后，让她想象这两个子人格对话，并想象一个心理学家在调解她们的冲突。心理学家在帮助她们互相理解，要求双方能听进去对方的话，肯定对方的长处，不要攻击和过分地批评对方的缺点。这样，双方的相互理解就可以逐步建立。

当她自己内心中的矛盾解决后，再解决生活中她与朋友的矛盾就很简单。原则是一样的，不要过分委曲求全，也学会在表达自己的不满的时候不要说过头的伤人的话，而是用较平静的态度说出自己的不满心情。这样，人际关系问题自然可以改善。其他人际关系中的问题也可以用类似的方法解决。

No.6 人格意象分解看婚恋：你为什么会爱上他

了解了一个人心中的异性子人格，也就很容易知道他需要的、爱的将会是什么样子的异性。

在恋爱和婚姻咨询中，人格意象分解技术是一个非常有用的工具。它可以用来预测两个人之间的关系和谐程度，预测可以非常准确，以至于在旁观者看来可以用“料事如神”来形容。而实际上，这个预测并不困难。只需要看一看双方的子人格都有哪些，就可以对他们的关系有很多了解。

我们知道，每一个男子的子人格中必定有一些女性的子人格；相反每一个女子的子人格中也必定有一些男性的子人格。

在和异性交往的时候，自己心中的异性子人格是他们了解异性的媒介。在选择恋人或者配偶的时候，自己心中的异性子人格也是范本。

因此，了解了一个人心中的异性子人格，也就很容易知道他需要的、爱的将会是什么样子的异性。

如果一个人自己心中的异性子人格和某个人相似，而那个人心中的某个异性子人格也刚好和这个人相似，双方就有一种特殊的

“缘”，我们或可以称为“情缘”。

假如一个人的恋人和他自己心中的任何一个异性子人格之间都没有相似之处，他会对这个恋人“没有感觉”，他也很难理解对方心里的感受。他们的交往会非常困难，时常会相互误会。在感觉上，他们会得到一个结论：“我们之间没有缘”。这样的恋爱或者婚姻不是不能成功，只不过要想成功，需要双方付出很大的努力。而在大多数的情况下，这样的恋爱或婚姻往往会以分手告终。

也许会很奇怪，既然双方没有缘，为什么他们又能够成为恋人甚至夫妻呢?

两个人能在一起，必定是有一种力量，“情缘”是两个人婚恋中最重要的力量，仿佛是月老的红线。但是，除了这个力量外，还是有一些其他的力量，其他的线可以把两个人暂时联系到一起。

一种是外在的“金线”把双方联系到了一起。他们在恋爱结婚的时候，没有根据自己心里的感觉去选择，而是看中了对方的外在的一些条件。例如，看中了对方有财富地位、名气或身份等，或者是性吸引力的“黄线”把双方联系到了一起。即使对方和你在心的层面没有共鸣和呼应，男女在性的层面总是很容易有相互吸引的。在性的吸引力很大的时候，很容易把这样的力量当作双方的情缘。特别是在对方的外貌很有吸引力的时候，就更是如此。还有就是友谊的“绿线”。有的异性之间有友谊存在，有友谊的缘分而没有情缘，但是日久生情，慢慢地友谊变质成为两性吸引。他们一旦成为恋人就发现，两个人原来的那种相互理解反而找不到了，双方的冲突反而愈演愈烈。

有的人不善拒绝别人，在被追求的时候，一时的同情和感动就和对方建立了关系。

特别是人在青少年的时候，对别人、对自己内心的辨别力都比较弱，混淆各种内心力量和感觉是常有的事情，所以，也很容易和一个不适合自己的人结成恋人或婚姻关系。

假如双方的关系是，有一个人发现某异性和自己心中的某一个异性子人格相似，而对方却没有发现这个人和自己的任何子人格相似，结果就会产生一种单相思关系。

如果双方有“情缘”，则他们在恋爱婚姻中就会有一种基本的默契，相互的沟通也会比较容易。但是，这也不意味着他们一定会幸福。还要看这个异性的子人格在人格中具有什么位置，和别的子人格的关系如何，等等。如果他在总的人格中是一个心理冲突的一部分，这虽然也是情缘，但是两个人在现实中一旦成为恋人或夫妻，就可能会成为“问题夫妻”或者老百姓所说的“孽缘”。也就是说，他们两个人相互的吸引，是因为他们有共同的心理问题或障碍。

举一个极端的例子。有一个女孩性格很温顺、内向和保守，她爱上了一个和她性格非常不同的男人，这个男人性格暴烈、爱打架，而且在性关系上非常放纵。女孩和他在一起，多数时候都很抑郁、痛苦。她会因为对方的外遇而抑郁，因为对方打她而痛苦，因为对方酗酒而烦恼，但是她还是和他在一起，从没有想过要离开他。

这个女孩子人格中，一个异性子人格刚好和她的男朋友很相似，也是一个放纵、暴烈而且爱打架的人。正是由于这个子人格的存在，使得她在第一次见到男朋友的时候，就对他“一见钟情”。对方所做的事情正好是她自己想做而不敢做的事情，她“爱”对方实际上是爱自己。当然，他也给了她很多痛苦，但是，这些痛苦实际上也正是她的“受难者”子人格存在的依据，假如没有人给她痛苦，那个受难者就无法表现自己。因而，这些痛苦也是她的潜意识所需要的。

小说《呼啸山庄》中的女主人公和男主人公之间就是这样的关系，正因为如此，女主人公会觉得“他未必是对我最好的人，但是我依然只爱他，因为他和我的心灵是相通的，他就是我”。

真正幸福的婚姻和爱情要求的条件是，双方都刚好是对方的主要的异性子人格，而且双方的人格结构中，这个子人格和其他子人格之间都有着良好的关系。双方的异性的子人格之间越相似，双方的关系就越密切。这样的两个人相接触的时候，会有一种“心心相印、心有灵犀”的感觉，相互理解非常容易，爱对方如同爱自己，而在我们的眼中可以说他们爱对方就真的等于是爱自己。在个别的时候，他们甚至会在第一次见面时就感觉到这样的相互认同，就像贾宝玉初见林黛玉时的感觉，“这个妹妹我见过的”。

恋爱和婚姻的咨询中，除了和其他咨询一样的内容外，这个重要的新内容就是，通过子人格的分析，帮助双方了解，他们之间的“缘”是什么样的缘，并通过心理咨询，促进双方心理成长，把“孽缘”改变为“情缘”，或者替换为“情缘”。

第 6 篇

看穿心病的根子

Part 18

和魔鬼斗法：

与强迫性有关的子人格

一个子人格，是一种生命的形式，是那永恒的宇宙能量的一个具体的化身。一个人就是许多这样的生命形式的结合体。

每一个子人格秉受着一种特别的心理能量，选择了一种特别的方式来生活。正如各种动物秉受着不同的素质，各自发展出各自的生存策略，虎狼选择了攻击，羊鹿选择了逃避，这些生活的方式各有利弊。各种子人格的生活方式也是各有利弊的。

只是有一些子人格所代表的生活方式弊远大于利，给人们的生活带来了太多的痛苦和烦恼，于是具有这些子人格的人就会寻求心理咨询与治疗。

心理咨询的对象中，有些心理问题不严重，我们称为情绪性或发展性的问题；有的要严重一些，我们称为心理障碍。心理障碍种类繁多，我们不可能一一指出有什么心理障碍的人在子人格中有哪些消极的子人格。而且，消极的子人格类型和心理障碍的类型也并不是一一对应的。

“魔鬼”这个子人格，在多种心理障碍患者的想象中都会出现。强迫症、恐惧症、自恋性人格障碍、边缘性人格障碍以至重性的精神病都会想象出这个子人格的形象。因此，我们也不能根据有某个子人格就判定来访者是什么心理障碍。但是尽管如此，心理障碍的类型和子人格的类型之间必定还是有一定的相关。例如，“辩论者”这个子人格在强迫症或强迫性人格中出现就非常频繁，而在其他心理障碍的患者那里虽然也会出现，但是或者是出现频率少，或者是不占据重要地位。因此，还是可以找到一些大致的规律。每种障碍性的人格中都会有一种或几种子人格比较常见，如果知道如何调节这些子人格，使这些子人格改变，就可以帮助来访者改变，改善他们的生活。心理咨询与治疗就是一种子人格的炼金术，它可以把像铅一样的不愉快的子人格变成像金子一样的子人格。

下面将根据人的不同的性格偏向介绍在各种具体性格的人身上常见的子人格。

首先介绍部分在强迫性人格中常见的子人格。强迫性人格是一种特别的性格，这种人往往谨小慎微、循规蹈矩、固执己见。不过他们的思维能力一般都比较高，做事认真而一丝不苟，自律很严格。如果强迫性不严重，这个性格也不无可取之处。他们适合做会计、精算师、工程师等工作。但是如果强迫性严重，则会给生活带来很大的问题。他们也是强迫症的高发人群。因此，强迫性人格应该对自己的性格稍做调节，减少过多的强迫性。下面具体分析如何做到这一点。同样，心理咨询师在调节强迫症患者的时候，也可以参考下面的论述。

No.1 死亡的使者：魔鬼

魔鬼是人死亡本能的化身，他的目标是让人在心灵上逐渐失去生命力。

“魔鬼”形象是死亡本能的象征，代表的是最低能级中的能量，作为子人格出现时，最常见的外貌和装束是：像一个黑影，他一出现，来访者就感到很恐惧。仔细看，他一身黑袍，身材高大，面孔是骷髅的脸，或者是可怕的阴森的样子，有时他会有一对角，角是向内侧弯曲的，半个月亮的形状。

“魔鬼”的性格是爱用种种不同的手段把人拖入心理障碍中，直接的方法是用他令人恐惧的威慑力。《大话西游》中的牛魔王就是“魔鬼”的直接化身。他邪恶而强大，似乎是不可战胜的。这象征的是死亡的巨大的恐怖。

儿童在恐惧时，容易想象出这样的“魔鬼”。这是因为儿童的心灵刚刚具有了生命，人格还比较脆弱，死亡的威胁似乎时时存在。人格发展比较幼稚化的人也比较容易想象出这样的“魔鬼”。

癔症患者、恐惧症患者或其他人格发展固着在口欲期的来访者都比较容易想象出这样的“魔鬼”。

不过，说到在强迫性人格者身上的“魔鬼”，他更多的是表现出另外的样子。这时一般使用间接的方法。间接的方法是用说服、引诱和欺骗。在诱骗的时候，他的脸不再是那样可怕，往往他会不让你注意他的脸。衣服也不再是黑袍，不过还是黑色和深灰色衣服，他的衣服都是正式的制服类的衣服，他几乎从来不穿休闲服装。他是一个极为出色的催眠者，可以抓住人的任何一点弱点，说服人按他的路去走。他的语调极富诱惑力，他的智力很高。在每一次遇到来访者时，我都为他的催眠技巧所折服，他的每一句话都及时而准确，远远超过任何一个我见过的催眠师，我也相信没有哪个催眠师可以超过他。他欺骗的技巧也很高，尤其善于假装善良。

“魔鬼”是人的死亡本能的化身，他的种种行为的目标是让人在心灵上逐渐失去生命力。

我曾在一个来访者的子人格中分析出“魔鬼”。这个来访者是一个艺术家，他表现出来的问题是，他感到自己不能摆脱艺术界流行观念的影响。虽然他自己认为流行观念是不适合自己的，但是没有办法按自己的方式去做。

在个人生活中，他感到一直受到父亲和权威者的压抑。另外，他是一个宗教感很强的人，对宗教很有兴趣。

一开始，我发现“魔鬼”在利用他的宗教感，试图不让他形成自我同一性。青年是自我同一性形成的时期，青年人本应该学习尝试，知道什么是“我”，什么不是“我”，形成自我界限。但是，“魔鬼”试图阻碍这个过程，他利用来访者的宗教感，对他劝告“佛教讲过，真正的觉悟者应该是‘无我’的，他应该和整个世界是一体的，你不应该排斥其他观念……”来访者被说服了，一方面是因为他相信佛教，另一方面，青年人在形成自我界限时，本来就有一种不情愿，因为这个过程使人感到自己“失去了世界”。正是因为这个原因，来访者不能摆脱艺术界的流行观念，因为“那也是世界的一部分”。

我说服来访者建立自我界限，并运用了意象对话的技巧来达到这个目标，他做了并做得很好。不久后，“魔鬼”在他的想象中现身。

这个“魔鬼”和刚才说的“标准样子”不完全一样，他的衣服不是黑色而是灰色的，面目不清楚但是肯定不是骷髅。

来访者在想象中向这个“魔鬼”发动了攻击，他趁“魔鬼”不备，一刀把他杀了。在想象中杀死“魔鬼”，象征着他对自己的心理障碍，对压抑自己的权威将采取一个“反抗”的态度，这是一个很大的进步。

但是，“魔鬼”不是可以这样被轻易“杀死”的，他随即变成了另一个声音，来说服来访者了：“你太富攻击性了，这样不好。做人应该宽容，不应该这样有敌意。”看到来访者有些犹豫，他用手拍了拍来访者的肩膀，像一个慈祥的长者一样温和地说：“你应该有爱心，你本来就是一个有爱心的人，对不对，用这样暴力的方式多不好……”

听起来，他的话似乎很有道理，在原则上爱心当然比暴力要好。但是，在这个时刻讲爱心，“魔鬼”的目的是化解来访者对权威的反抗，不让他心灵独立，不让他建立自我。

这就是常见的现象，“魔鬼”会利用人心中的“佛”等美好的意象，利用人心中美好的愿望达到他破坏性的目的。以往的咨询中，这个“魔鬼”曾多次用这样的手段，难怪禅宗告诉我们有时需要“见佛杀佛，见魔杀魔”。

在一个人心灵面临成长、飞跃的边缘时，在一个人正要从心理障碍中解脱出来时，在一个人正要进入心灵的更高境界时，“魔鬼”最容易出现。他的目标，就是要让这个人回到原来的境域中。为了这个目标，他会锲而不舍。一个人心中贪求什么，“魔鬼”就会用什么来诱惑你。如果你贪求财富，他就怂恿你去追求财富。他向你许诺，他可以让你成为极为富有的人。你将要有的进步越大，他许诺给你的财富越多。他会这样鼓动你："我可以给你世界上所有的财富"；也会更现实地说："让你成为亿万富翁"。他会告诉你一些具体方法，让你相信他不是空口许诺，而他的智力高于一般，所以方法听起来很可行；你可以相信有了他的口才、计谋，发财应该是很容易的事情。假如你听了他的话，你也许真的可以发财，但是你错过了心灵成长的机遇，你也许会很富有，但是你将失去自己。

假如你贪求美色，他会许诺让你得到美色。他也有能力这样做。因为在你和异性交往的时候，他会"出场"帮助你，让你口才一流、魅力十足，让对方为你着迷，就像他曾经帮助浮士德去引诱甘泪卿一样。但是，结果也会和浮士德一样，你会害了甘泪卿，你自私的"爱情"使你成为情场高手，也是伤害异性的高手。

假如你贪求名誉或地位，他也会让你得到名誉或地位，可以让你飞黄腾达。对他来说，这不是难事。他是一个"心理学家"，善于体会别人心理和利用别人，他也可以让你这样做。但是，你的代价是失去自己，你也许会成为独裁者，为了保住自己的名誉和权利，你将不得不做违背良心的事情，小到说谎，大到杀人。在历史上可以见到无数这样的独裁者，他也可以让你获得其他成就。在我看来，毕加索就是被"魔鬼"说服的人，"魔鬼"给了他一种更高明的投机方法：表面上是独树一帜，实际上是哗众取宠，让他出名，但是人格却不能改善。达利也是一个画坛的投机者，不过，"魔鬼"并没有为他出多少力。他的行为没有表现出"魔鬼"的那种深刻的潜意识的灵感。

"魔鬼"的催眠方式和蛇的方式极为相似，这和蛇应该有一定的关系。"魔鬼"的直觉、智力和神秘都应该是来源于蛇。在西方文化中认为蛇就是“魔鬼”的化身，这个说法有一定的道理。“魔鬼”不仅常见于强迫症、强迫性人格障碍，也常见于自恋性人格障碍等其他心理障碍。

如何应对“魔鬼”呢？要对付“魔鬼”原型，应该先学习识别他。当他直接以可怕的样子出现时，识别并不困难，但是在他变换了样子后，识别就不那么简单。我们很难相信，一个这样文质彬彬的形象是“魔鬼”，再加上他的种种甜言蜜语、种种许诺甚至实际的帮助，识别它就更不容易。但是，在意象对话中，“魔鬼”的外貌变化还是有限的，而且他的基本特征是不变的。他的话千变万化，但是大多都是在教你如何回避责任、回避努力、利用别人。假如他反过来让你追求善良，他就要求你做得非常过分而不近人情。例如，中国古代为了鼓励孝敬父母，便编造了“郭巨埋儿”“卧冰求鲤”等故事。郭巨遇到饥荒，粮食不够吃，于是就决定把儿子活埋，把省下的粮食给老母亲吃。这个“孝敬”的故事实在是很残忍。还有就是当父母生病的时候，古代的孝子或儿媳就割下自己身上的肉来煮汤给父母喝，据说可以起到良药的作用。在子人格角度看，这显然是“魔鬼”伎俩。

识别之后，对付他的最有效的方法就是不理睬。

战斗不是最好的方法，不论在想象中多少次杀死了“魔鬼”，他都还存在着。战斗代表着对“魔鬼”所象征着的死亡的拒绝和对立，但是不论你拒绝的态度多么坚定，“人生而必有死”这个现实是不可消除的，因此“魔鬼”也就不可能被消除。海明威的小说《老人与海》中，老渔人对待鲨鱼的态度就是战斗，象征着生命与死亡的战斗，但是老人不论多么英勇，也不可能杀尽鲨鱼。当然，战斗也不是最坏的方法，因为战斗的时候，你可以得到生命。战斗总比屈服好，假如你屈服于“魔鬼”，你就会变成行尸走肉，就没有了生命的活力。

和“魔鬼”辩论也不是好方法，因为“魔鬼”随时在想新的花招，诡计层出不穷。和他辩论，需要耗费太多精力，稍不留神，就落入了他的圈套。一旦被他说服，你就会走上一条看起来光明但是实际上不正确的道路。

最好的方法就是不理睬，随便他怎么做——我知道这都是“魔鬼”伎俩，然后我就不理睬他。就像你是一个少女，在街上遇到小阿飞骚扰。你劝告他是没有用的，你和他辩论是没有用的，你骂他也是没有用的。你越骂，他就越来劲。而且说到底，骂也是一种交流。最好的方法是不理睬，就像没有看见他一样走自己的路。这样，他过一会儿就没有纠缠你的兴致。对待“魔鬼”，也是一样。人早晚是要死的，你对此恐惧、抗争、讨好、屈服都是一样要死。最好是不要管它，把注意力放在生活上，在生命中追寻美好的东西，等大限到了时死就死了。

当然，说是这样说，真正要做到不理睬是很不容易的。

前面说过，不论对哪一个子人格，接纳的态度都是不错的。按逻辑说，对“魔鬼”子人格也可以采用接纳的态度，但是，接纳不意味着要理睬他。可以这样表达接纳：“我知道有这样一个家伙，我不打算除掉他，但是我也不理他，由他说什么好了。”强迫症患者对自己的这个侧面是不接纳的，他们无时无刻不在和这个子人格战斗。他们拼命努力试图把他除灭或杀死。强迫症者时时刻刻在思考：“我怎样才能消除不良心理和情绪？”但恰恰是这样努力，更增加了消极的心理，增加了“魔鬼”子人格的力量。有一种森田疗法，就是让强迫症患者放弃努力，不再和消极的情绪作斗争，不再拼命克服心理障碍，“听天由命”随他去，这也就相当于“不理睬魔鬼”的方法。

No. 2 胆怯的产物：追求绝对者

绝对者类型的子人格缺少安全感，只有在“绝对安全”时才放心，只有追求绝对完美、优秀、强大才不恐惧。

在强迫性人格的人，特别是强迫症患者身上，常出现一些追求绝对的子人格。有一类子人格是追求完美者，它也是“魔鬼”的化身。他喜欢穿一身整齐的制服，把自己打扮为公务员的样子。有一次，他出现在来访者想象出的地下室中，自称是地下室的管理员，姓王。地下室显然是“地府”的象征，这个姓王的管理员也就是所谓的“阎王”。

因为对秩序的爱好，他往往会随身带着笔记本、文件夹、公文包一类的东西。在性格特点上，他喜欢秩序和完美，希望一切都整齐不乱。一旦发现不完美，发现了一个小小的错误或失误，他就会勃然大怒。他最爱指责批评人。

在强迫症或强迫性人格障碍者身上，就是这个“完美者”占据了统治地位。就是在他的驱使下，强迫症者要求自己做到完美无缺，不允许计算出一个错误，不允许衣服有一点脏，不允许行为上有一点失当。他每时每刻监视着其他子人格的一举一动，把一切记在账上。他对自己的要求是“绝对不犯错误”“绝对要做好”。因此，有些强迫症患者才会每天几十次地洗衣服，几百次地洗手。

完美者会借用各种文化中的神的形象，例如显像为圣女、佛等。他也让自己的所有子人格按神的标准生活。实际上这是一个不可能完成的任务，既然其他子人格做不到，完美者也就有机会时时刻刻指责他们。指责才是完美者的真实目的。“完美者”也会把批评的矛头指向身边的其他人。

在强迫性人格的人身上，还有另一类类似的子人格——“追求极限者”，子人格形象多为男性，偏瘦，喜欢穿黑色的夹克，衣着整齐干净。

一个有强迫症的来访者分析自己的子人格时，发现他有一个子人格名字就叫“极限”。其他人身上的子人格名字不同，但是也是追求极限的。和完美者要求的“绝对正确”不同，“极限”要求的是“绝对优秀”“绝对的有效率”“绝对成功”，要求自己发挥出全部的潜力，把潜力都用在一件事情上，让自己成功。这个子人格是成功学书籍的最大买主、名人传记的最大买主。他特别想模仿过去的成功者，他们甚至会刻意模仿过去的名人或伟人的行为习惯。我见过很多模仿伟人的人，他们叉着腰，故意带出一些湖南的口音，像伟人一样抽烟。在他们的想象中，自己是伟人一样的英雄人物。这个子人格之所以愿意读成功学或名人著作，还有一个原因是他们不习惯接触真实的生活，反而更习惯在思考和理性化的活动中生活。

追求极限者有时自称为是“勤奋者”，在子人格的形象上，他会带着表示勤奋的公文包之类的东西。他也的确很勤奋，他的目标就是把每一分钟的时间都用来追求自己的成功。“追求极限”是一个自负的子人格，他认为自己聪明、积极、有大志，不是一般的凡人可以比较的。

他可能会得到一些成功，特别是在学校中，因为他的努力，他有可能学习成绩会不错，甚至会很好。但是，他的那种不平衡的生活方式早晚会带来问题。而且说到底，他所追求的那种绝对的优秀是人不可能达到的目标。他早晚会失败，而他又不愿意承认失败，所以他宁愿让自己相信，自己是有了身体或心理的疾病。他们喜欢说的一类话是：“如果我没有病，我现在早就是千万富翁。”当然，这话只有他自己相信。而且，在深层潜意识中，他自己也不那么相信，因此他也不敢让心理疾病很快痊愈，以免打破自己的幻想。

“追求极限”有时会和“英雄”原型结合，甚至用英雄的形象出现。“魔鬼”潜藏在背后，英雄在外边。“魔鬼”体现为对自己的苛求，他苛求来访者和英雄原型一样，绝对的勇敢、绝对的有力量，绝对的“战无不胜、攻无不克”。来访者因而会不允许自己有丝毫的软弱，会刻意竭力追求勇敢和坚强。例如，他会找机会打架，证明自己足够勇敢；他不允许自己伤心，也不允许自己真心恋爱，以表现所谓的坚强。

我们必须知道，生命是不断的创造，因为是不断创造，也就是在不断地改变，因此生命不会有一个固定的“完美”或“极限”。任何绝对化的要求都是反生命的，是“魔鬼”的行为。

因为人不是完美的，一个人假造了一个“完美者”的子人格，其背后必定有一个相反性质的子人格、一个“猥琐”“肮脏”“卑鄙”的子人格。在强迫症来访者的治疗中，有些来访者会掩盖这个子人格，以至于在做人格意象分解的时候，这个子人格久久不出现。但是，我们应该心里有数，知道有它存在。只有正视它，接纳它，来访者的心理才可以改变。

一个“勤奋者”背后一定有对应的“懒惰者”。在不同的人那里，他的名字不一样，但是他一定是一个懒洋洋的人，衣服以睡衣为主，大多是喜欢躺在床上，喜欢无所事事。强迫性的人对这个子人格一般都比较排斥，或者更具体地说，勤奋者不喜欢这个懒惰者。但是实际上，这个懒惰者是对他有很大好处的，正是因为有这个懒惰者，他才有可能学会休息。

一个假的英雄子人格背后对应的子人格或者是“胆小孩子”“伤病者”，或者是“退缩者”。在不同的人身上，他要么是一个伤痕累累的伤兵，要么是一个天天躲在屋子里人，只知道收拾屋子，但是总也收拾不干净。

强迫性人格的根本是胆小、缺少安全感，于是他便自命善良或者幻想自己伟大，用症状来逃避对幻想的检验，追求独立但是又不敢独立，优柔寡断不会做决断。不会做决断的原因是他们考虑得太细而害怕出任何错误。强迫性人格的来源是童年没有得到支持，也没有得到尝试的机会，父母要求严格而实际上不亲密或溺爱。绝对者类型的子人格是缺少安全感的象征，因为缺少安全感，所以只有在“绝对安全”的时候才放心，而只有在“绝对完美”“绝对优秀”“绝对成功”“绝对强大”的时候，他们才可以不恐惧。这就是要求绝对的原因。

如何应对绝对者呢？应对绝对者的方法就是找到和绝对者对应的子人格。如果他有完美者，就寻找他的“无能者”；如果他有勤奋者，就寻找他的“懒惰者”；如果他有战无不胜的“英雄”，就寻找“伤者”或“退缩者”。

这个对应的子人格就是医治绝对者的良药。表面上看，这个对应子人格是不好的。但是实际上，他具备着绝对者缺少的侧面。例如，“完美者”缺少对错误的宽容，他不宽容自己内部的其他子人格，这让自己不愉快；他也不宽容别人身上的小缺点，这让他难于与别人交往。别人会感到他这个人太苛刻。而“无能者”虽然在表面上不如完美者，但是他对自己的子人格、对别人都是宽容的。他知道自己不完美，所以也允许别人不完美，有了这样的宽容，自己和别人都可以活得轻松一些，压力小一些。

“勤奋者”不知道“一张一弛”的道理，工作狂的方式往往会让他自己疲劳不堪，但是他反而因此感到自豪，他希望自己利用每一分钟工作。假如没有懒惰者拖他的后腿，他也许真的会把自己累死。

强迫症的“英雄”子人格有虚假的成分，如果没有“伤病者”和“退缩者”，他看不到自己的不足，会刚愎自用、目空一切，最后必然导致失败。

和“绝对者”对应的这些子人格，平时就在努力帮助着“绝对者”，但是“绝对者”却轻视、讨厌他们，必欲除去他们而后快。但是，他们又不可能除去这些子人格，因为这些子人格是人心灵中自然有的自我保护。这就是强迫症的一个最主要的内心冲突。

心理咨询所要做的，就是让“绝对者”接受这些对立的子人格的存在。至少，承认他们是不可能被消除的；如果能喜欢、关怀这些对立子人格就更好了。他们可以让自己练习，在想象中让“绝对者”拥抱他的对立子人格，和对立的子人格交朋友，请求对立的子人格给自己提出建议。如果能做到，就想象这两个子人格融为一个人；如果做不到，让“绝对者”听一听对立子人格的意见，即使心里不高兴，也接纳一部分他的意见。就像唐太宗李世民有的时候也很讨厌说话不客气的魏徵，但是他决不会杀掉这个大臣。因为他知道，这个不顺着自己的人对自己的帮助会很大。如果能做到这一点，强迫性人格的缺点就可以得到弥补。

绝对者和对立的子人格相互接纳后，他们的外表都会有些改变。绝对者的衣服颜色会从黑色为主变为银灰色等更温和的颜色，而对立的子人格的外表也会有所改善。

No.3 理性的误用：否定一切的辩论者

不论你和他说什么，辩论者子人格的第一反应就是“不”，他会和你辩论，证明你是错的。

在强迫症患者中，可以常常遇到一个非常善于辩论的子人格。这个子人格的外形有男有女，体形瘦削，穿着像知识分子，衣服颜色以灰色为主，往往戴眼镜。不论你和他说什么，他的第一反应就是“不”，他会和你辩论，证明你是错的。

在心理咨询与治疗中，他是让心理咨询师非常棘手的家伙。因为有他，不论心理咨询师提出什么，来访者都拒绝，都说不对。他极为顽固，而又很聪明，他极其善于找到别人语言中的漏洞，他利用能言善辩的技巧专门和心理咨询师作对。他很喜欢看心理学书，甚至可以博览群书。许多强迫症患者阅读的心理学书的数量，甚至不比心理系的研究生少。

我曾经遇到过一个来访者，他所读的书，甚至可以和心理系的博士相比。在对他做精神分析治疗时，他说："我知道，你现在在对我做精神分析，但是精神分析理论是有问题的。有很多心理学家都曾经批评过精神分析理论，他不严谨、不科学。真正的科学理论应该是可以证伪的，而精神分析是不能被证伪的。"我说那我就改用行为疗法，他又说："行为疗法恐怕没有效果，因为行为疗法太简单，没有深入到人的潜意识。"

心理咨询师如果对他的心理有所分析，他总是要回答说"不是这样的"。心理咨询师如果有所建议，他也要回答说"我认为这样做不会有效果"，并且说出一些似乎很有道理的理由。

"辩论者"是一个很聪明的人。有些经验不足的心理咨询师试图"说服"他，结果都会是铩羽而归。金庸小说《天龙八部》中有一个人物名叫包不同，这个人酷爱辩论，不论你说什么他都会反对，并且要寻找你话语中的破绽。

包不同和强迫症患者的"辩论者"是有区别的。对包不同来说，辩论是一种爱好，一种竞赛，一种智力上的比武。他辩论是为了寻找一种快乐、自信和满足的感觉。而对"辩论者"来说，辩论的目的是抵制改变，是一种阻抗。"魔鬼"利用了一个包不同类型的人，利用他的智力和辩才来达到他的目的。"辩论者"实际上可以说是"包不同"和"魔鬼"的组合。

辩论者自己也是很愿意思考的。强迫症有一种症状叫作强迫思维，就是指患者总在没完没了地思考。其思考的东西常常并没有任何实用的意义。例如，"为什么这段围墙上栏杆是13根""为什么$1+1=2$"。

不必把这个"辩论者"当作"坏"的子人格。必须承认，这个子人格有对人有益的东西。他不轻信，可以帮助来访者避免许多错误；他有独立性，有反抗精神，可以避免对别人的过分依赖；他善于从反面思考，可以让我们的想法更全面。只要我们把他和利用他的“魔鬼”分离，他就会成为一个包不同式的可爱的子人格。

“辩论者”就像一个律师。律师有的时候要为犯罪者辩护，表面上看，这带来了一种危险，就是让犯罪者逃脱法网。但是，律师的存在保证了法律的慎重性，减少了无罪者被冤屈的危险。子人格“辩护者”也是一样，他自动地反对我们的意见，努力寻找我们的漏洞，也可以起到很积极的作用。

Part 19

最美与最丑：
与表演性有关的子人格

有一类人的性格中带有表演性，可以说他们是表演性人格。不严重的话，也不是什么坏事，但是严重了就会成为表演性的人格障碍，或者成为心理幼稚型人格障碍，还可能出现癔症。

表演性的人格往往情绪表达上很夸张，就像在演戏。他们酷爱浪漫，恋爱过程必定是曲折反复、起起伏伏，要么感动得热泪盈眶，要么愤怒得火冒三丈，总之是会向死去活来那个路子上走。他们如果交朋友，也是悲悲喜喜，复杂得像一出戏剧。他们暗示性强，很容易受他人或环境影响。他们不喜欢平淡的生活，喜欢追求刺激，喜欢吸引别人的注意。很注重外表，不论男人还是女人，都很性感或说有诱惑性。不过，这样的人表面热情，如果接触久了，你会发现实际上他们是自我中心较强的人。

琼瑶小说中的许多人物都带有表演性的特点，如《还珠格格》中的“小燕子”“紫薇”。虽然这两个人似乎性格很不相同，不过实际上，这两个人都有表演性的特点，都很夸张。只不过，小燕子夸张的是她的直率，紫薇夸张的是她的高雅。

如果这些特点不十分严重，可以称这些人为表演性人格。表演性人格不能算有心理障碍，他们的表演性是一种适应方式而已。应用得当的话，这种适应方式可以很有益于他们的生活。例如，演艺界的人士中，有表演性人格特点的人就比较多。由于他们天性喜欢表演、假装和夸张情绪，他们会很适合做演艺工作。只不过当这个特点过于严重，就有可能出现心理问题。他们可能会出现人格障碍，也可能会表现为癔症性的症状，如转换障碍、分离障碍，出现各种躯体化的症状。

所谓转换障碍，就是把心理冲突转为躯体的症状。台湾已故作家三毛说过一个例子，她的一个朋友，生活压力比较大，突然有一天失明了。医生找不出原因来。三毛见这个朋友的时候，发现她虽然已经失明，但是却可以在不经意中说出三毛衣服的颜色。不知道的人会以为这样的人是在装瞎，其实不是，这就是一种转换性障碍。当心理压力很大的时候，在潜意识中她对自己说："我不愿见到这样的现实。"于是潜意识就封闭了视觉的通道，她就失明了——虽然器官并没有出任何问题。就连她自己也不知道，这是她自己的潜意识做的事情。

表演性人格的子人格数量偏多，而且很容易"显现"，对他们分析子人格很容易。下面介绍一下表演性人格中常见的子人格。

No. 1 控制别人的利器：演员

"演员"子人格有寻求别人注意、表现自己的需要。只有别人喜欢赞赏，他们才能感到自己有价值。往往心理年龄偏小。

表演性人格中最有代表性的子人格就是“演员”。例如，我在为一位男士做人格意象分解的时候，他出现了以下两个子人格。

海伦（Helen），女，不到20岁，白色芭蕾舞小天鹅的纱裙，芭蕾舞演员，瘦小，清秀，外国人，她最喜欢表现自己。她的性格表面开朗，而内心很孤独。

迈克（Mike），男，20岁左右，外表强壮、穿白色的王子衣服。他是一个芭蕾舞演员，喜欢有力量的东西，不喜欢柔弱的东西。他虽然外表强壮，但其实内心柔弱。他希望自己强大，对自己不满意，因此假装强壮。

他们的“演员”子人格代表的是他们寻求别人注意的需要，表现自己的需要。只有在别人的喜欢和赞赏中，他们才能感到自己有价值。在心理年龄上，他们都比实际年龄小一些，因为他们在无意识中寻求着童年时所曾经得到过的满足，就是作为一个可爱的孩子被成年人喜欢的感觉。

另一位女孩的想象更是有趣。在她的想象中，有一个子人格是美丽的舞蹈演员，但是她发现，这个“演员”是一个母的黑猩猩变化而成的。这揭示了“演员”的秘密，黑猩猩是灵长类动物，所象征的是聪明和模仿能力。猩猩不是最喜欢模仿人吗？正因为有了模仿力，黑猩猩可以做演员，可以把自己化为美女帅男的样子。

“演员”可以说是荣格所说的“人格面具”原型的化身，他是表演给别人看的，代表着人类所擅长的一种生存手段——伪装。这个子人格是控制别人的利器，他可以装成各种样子，好激起别人相应的反应。平时，他主要演可爱的角色，好让别人喜欢他。但是，在一般的表演得不到足够的关怀时，他就会演一些更强烈的、更悲剧性的戏剧，从而引起心理障碍。

有一个女孩得了一种奇怪的病，就是常常会随时昏倒，在医院中却查不出是什么毛病。在追述得病的过程时，心理咨询师注意到她第一次昏倒的时候，是同班的班长，一个很帅的男孩背她去医院的，而且同学们都很关心她，去看了她。后来她就经常会无故昏倒。

这就是她的“演员”子人格在表演昏倒，目标是再一次得到关怀。但是，由于“演员”会不停地表演，贪得无厌地寻求别人的关心，日久天长，别人就会渐渐厌倦。而这个时候，表演性人格的人却会执着于以往成功的方法，变本加厉地表演越来越激烈的戏剧，这使别人的厌倦也升级。最后，“演员”只好演最夸张的戏剧——自杀或者疯狂，这就成为严重的心理障碍。他们的自杀很少会真的成功。在意识中，他们是真的觉得自己想死了。但是在潜意识中，这只是一个吸引别人注意的方法。尽管如此，个别的人还是有可能因“表演过分像”或者“表演意外”真的自杀而死。例如，吃了安眠药后，打电话告诉男朋友自己吃药了。本来男朋友会来救她。但是，因为男朋友找错了地方，来晚了，这个女孩就死了。因此，对“演员”，必须知道如何应对，才可以减少他的消极一面。

如何应对“演员”呢？“演员”使表演性人格的人显得可爱，有助于建立人际关系，从这一点上说，这是一个很有用的子人格。生活中的演员、推销员、业务员等有了这个子人格，工作中会收益很多。

生活中真正的演员需要注意，不要把角色和自己混淆，而这个混淆正是“演员”容易犯的错误。在戏里你扮演恋人，和演对手戏的人卿卿我我，但是戏结束了，你应该知道，刚才你所体验的爱和喜悦是戏里的，现实中的你并不爱他。同样，演悲剧时你可以伤痛欲绝，但是戏结束后你应该知道这只是戏而已。如果生活中的演员混淆了角色和真正的自己，他也许会因戏而情绪低落，也许会爱上戏中的恋人，但是后来才发现是一个错误。

如果“演员”子人格过分发达，则人也容易犯类似的错误，把自己演的戏当作真的。演戏本来是为了骗人，但是一不小心就会骗自己。更何况他们对自己的“演员”子人格的存在都不大清楚，更不知道自己在演戏，这就更容易把戏当真。他们经常会幻想浪漫的爱情故事，并且找一个适当的人和自己一起演缠绵的爱情戏。由于戏会演得非常浪漫，他们会被自己的戏感动，随即真的恋爱，而实际上，自己并不是“戏”中的自己，对方也不是“戏”中的对方。因而将来他们之间会产生很多矛盾冲突，情绪冲动的他们直到受苦受够了的时候，才发现自己爱的并不是真正的对方，只是自己幻想出来的一个影子而已。

No. 2 自恋的化身：美女或帅男

这些子人格是自恋情绪的化身。他们所追求的人生意义是让别人注意、喜欢，担心的就是不被别人注意。

在分析这些人时，还有一种子人格也很常见，那就是“美女”或者“帅男”。他们想象中出现的美女不是一般的美，而是“超凡脱俗的”“极端的”美丽，是那种不仅男性喜欢，就连女性都会说“我见犹怜”的美女，是人间极品、天仙化身。他们想象中出现的帅男也是一样的非同凡响。

这些子人格是他们自恋的情绪的化身，也是他们安抚自己的关键。他们所追求的人生意义是让别人注意、喜欢，他们担心的最大的危险就是不被别人注意。他们最大的渴望也就是要成为这样的人。久而久之，他们的愿望在心中化成了具体的形象，那就是这些美女、帅男子人格。

这里所说的美人不以性感为主，而是以“纯洁”的形象示人，目标是获得和性吸引力无关的喜爱，或者获得同性的喜爱。

如何应对美女或帅男呢？美女、帅男的子人格也是很有用的，这类子人格自信的样子增加了人的吸引力。唯一要注意的是，这个子人格往往比较骄傲。由于骄傲，他们会有一些冷漠，对别人的关心就不够。

希腊神话中有一个叫作纳西塞思的美少年，就是一个自恋的帅男。他时常临水照影，自我欣赏。有位女神爱上了他，追求他，而他毫不为之所动。在神话中，他受到了惩罚，被变成了水中的水仙花。

成了水仙花显然不是好的结局，因为水仙还依旧是临水照影，自我欣赏，并没有学习如何爱别人，如何与别人建立关系。我认为更好的解决方式是让他接触自己的比较丑陋的子人格，学习关怀弱者，这样他们才能最终脱离开自恋。

No.3 性感可以吸引人：性感女郎或妓女

表演性人格中几乎必定有一个性感的子人格，多为女性。

表演性人格中几乎必定有一个性感的子人格，多为女性子人格。即使男性，他的性感子人格也以女性居多。这个“性感女郎”并不是表演性人格独有的，实际上，她是人的性本能的化身，也是荣格所说的“阿尼玛”原型的一个变相，在其他性格的人身上也往往存在。只不过，表演性人格对她格外需要。和演员一样，有表演性人格的人特别需要别人关注自己，而最容易吸引别人注意的就是性。正如某些演员有时候会靠三级片、性感写真和裸体来吸引观众一样，表演性人格加强了自己的“性感女郎”，也是为了用这个子人格来吸引别人的注意。

性感女郎在外形上很性感，强调第二性征，衣服的颜色为粉红、红、紫色系列，也有黑色的。不同的颜色代表的是性能量的不同阶段的强度，浅的颜色象征着弱的或者温和的性感，而深的颜色代表热烈、狂热、激情的性冲动。她们神情妩媚、有诱惑性，喜欢诱惑异性。

《聊斋志异》中那些性感而妩媚的女鬼，就是蒲松龄和其他说故事的人内心中的“性感女郎”形象的化身。因为，这些鬼不论外形还是表现都和我们做人格意象分解中的“性感女郎”如出一辙。

为了强调性感，有的子人格干脆以妓女自居。在平时规规矩矩的淑女心中，经常会有妓女的子人格。这些“妓女”性感而自由，令良家女子深为羡慕。许多淑女在听到和妓女有关的事情时，往往比男人的好奇心还强，还感到兴奋。这就是她们心中的这个子人格的作用。

有些人受到的性教育不正确，对性过分严格地进行压抑，结果就是这个“性感”子人格会被另一个子人格所欺压。在表演性人格中这个现象倒不是很多，在比较老实规矩的人中这个现象很多。“性感女郎”子人格越被压抑就越强，结果是这个人反而摆脱不了性的念头的纠缠。

总之，这个子人格是不可能被消除的，因为人的性本能不可能被消除。我们可以做的，只是让她在适当的场合出现。

如果这个子人格顽固地在不适当的场合出现，可以问来访者：她为什么要出现？有一个例子，一个女孩有“妖女”子人格，这个子人格总是诱惑男性。在生活中，这个女孩失恋后也的确像一个妖女一样到处勾引男人。经过询问，“妖女”说出了她的目的，她是为了让其他子人格摆脱失恋的痛苦。她试图把自己变成一个性感的女性，向自己证明“我并不是多么爱他，我只不过是因为性而和他在一起。我完全可以离开他，因为世界上能满足我性的男人多得是。”但是，实际上她的痛苦并不是因为性方面的失落，而是自尊心的失落和其他问题。解决了这些问题，“妖女”就用不着时时出现。

No.4 具有性能量的动物意象：动物精灵

妖媚的动物也包含性的能量，如狐狸、猫、蛇等。

和性感女郎一样，她们的动物精灵也是用性来吸引人。这些性感动物出现的样子是变化的，有时是动物的样子，有时是人的样子，不过即使是人的样子，来访者也知道它实际上是动物。性感虽同，不过这些动物的性格有一些区别，性感的方式也各自有一些区别。

在这类人的子人格中出现性感的动物主要有蛇、猫、狐狸。

“蛇”，具体说是美女蛇，她们是用扭动的腰肢，用缠人的手臂，用直勾勾、火辣辣的眼神和充满欲望的舌头来吸引男人、诱惑男人和玩弄男人。“蛇”是一种神秘的、直觉的子人格，反映在性感方式上，也是喜欢玩神秘，喜欢用神秘的方式诱惑男性。她们喜欢黑色、紧身的衣服，因为这方便表现她们扭动的腰肢和长腿。她们喜欢一种略带沙哑的嗓音，加上她们的眼神有催眠的效果。生物界的蛇很多天才进食一次，但是一次就贪婪地吃很多。这一点很适合形容执着，所以意象中的“蛇”也是对感情很执着的。就像传说中的白娘子一样，爱上一个人就死缠不放，不会轻易转移。她平时看起来似乎很冷漠，但是一旦热情激发，就不可克制。顺便说，“蛇毒”在中药里大多是热性的。“蛇”的性能量也是极热的。这两者之间可以互相转化，爱情中“蛇毒”可以转化为性能，但是一旦遇到挫折就由性能转化为“蛇毒”即仇恨。“蛇”的性爱中喜欢少许的虐待。可以参考《白娘子传奇》中或电影《青蛇》中的蛇精，体会“蛇”的心理。

“猫”，是妩媚妖娆的精灵，她们吸引人的是眉眼间的媚态，是慵懒的神情和窈窕的曲线，是神秘的微笑和偶尔撒娇的脾气。在愤怒时，猫也可以有一种不顾一切的野性。反映在性感方式上，“猫”喜欢的是玩妩媚。声音“嗲”或者甜，喜欢玩小心眼。“猫”喜欢鲜艳的色彩。电视剧《春光灿烂猪八戒》中的猫妖，张曼玉在《新龙门客栈》等电影中的表演都近于“猫”子人格。

“狐狸”，有些类似猫，但是比猫更有性意识，更显狡黠而聪明。“狐狸”子人格也喜欢鲜艳的颜色，和猫相比，“狐狸”选择白色的时候更多一些。

“猫”有时候机灵，有时候懒洋洋，“狐狸”不像“猫”那样，懒洋洋的时候少。没有事情的时候“狐狸”更好学习文艺。

“狐狸”性欲更强。例如，《聊斋志异》中的狐狸精常常是见到喜欢的异性，三言两语就宽衣解带。偶尔也有其他一些动物会表示性感，如蝙蝠、蝴蝶、兔子等。

如何应对妖媚的动物呢？动物反映的是人的基本的性格倾向。动物子人格也是可以改变的。例如，蝎子有自卑和嫉妒的象征，假如这个人的自卑和嫉妒彻底消除，蝎子可以改变为其他动物，例如变成蜜蜂。改变后的动物还带有原来动物的心理能量和部分特点。不过，试图用压抑、杀死动物子人格的方式消除某种动物是不可能的。

妖媚的动物也包含性的能量，性能量是不可能被消除的。除此之外，这些动物还包含其他一些心理特点。

毒蛇带有敌意，狐狸带有欺骗性，一旦解决了这些问题，蛇会变成孔雀，而狐狸可以变成猫。当然，也可以不必改变它们。只要能更好地控制，只在适当的场合使用他们即可。

No.5 用缠绵的感情做钓竿：长发女

飘逸的长发是她们缠绵不休的恋情，也是诱惑异性的钓竿。

头发往往是情感的象征，长发往往象征着多情。表演性人格最关注的就是男女之间的浪漫感情，因此，在他们的子人格中，长发女这个形象是常常出现的。

飘逸的长发是她们缠绵不休的恋情，也是诱惑异性的钓竿。记得有个女孩说过一个梦，梦中有一个长发的、白衣服的美女，和一个男孩在一起时，突然间长发动了起来，像一根根吸管去吸那个男孩的血。这个梦是非常典型性的，吸血是一种情感上的“剥削”，而表演性人格的长发美女也的确常常会用自己的缠绵作为手段，在情感上俘虏、剥削迷恋她的异性。依赖性人格的人也会有这个长发女的形象。

如何应对长发女呢？女孩有这个子人格，她会变得更温柔；男孩有这个子人格，他就会比别人更强烈地试图找一个这样的女朋友，同时，这个子人格也让这个男性变得更为体贴和温和。一般情况下，这个子人格是积极的。即使有少量的“情感剥削”，也是“周瑜打黄盖”，并不让对方很讨厌。但是，如果这个子人格占据了主导地位，或者某人的长发女有太强的剥削性，她就不这样可爱了。她那美丽的长发有可能是“蛇”变出来的，她也许会吞噬对方。

在生活中见到过这样的事情。一个温柔多情的女子吸引了一个英武的男性，一开始似乎很美好，但是以后我们发现这个男人为她而消磨了英雄气，日见衰弱。最后，反倒是这个似乎柔弱的女子抛弃了那个男人，或者毁了这个男人。这也就是所谓的“红颜祸水”的故事。正是因为有这样的故事，有些男人才会对柔情感到恐惧。

如果一个人着意培养自己的独立性，长发女就不会变成过分危险的子人格。而男性如果发现对方是一个剥削性的长发女，最好避而远之。因为，除非这个男性在情感上极为成熟，否则他不是她的对手。长发女的克星是那种能看穿这些把戏的“情场老手”，他们坚定而明白，他们在情感上拿得起放得下，他们知道什么时候应该陪对方表演，什么时候也可以不留情面地揭穿对方。

对自己来说，有“长发女”这样的人格会使自己在感情上更为缠绵。这并不是坏事，但是过度了，就有可能使这个人过分缠绵于感情，难于自拔。如果她是一个女孩，如果她不幸失恋，则这个人格会使她不停地纠缠在情感中。反反复复，不可能快刀斩乱麻，从而造成长期的抑郁，甚至有可能成为抑郁性的神经症。

应对的基本方法是唤起其他的子人格，替代“长发女”，避免过分纠缠于感情。当然，在实际的心理咨询中，随机应变，其他的方式也都可以使用。

No.6 天真可爱，人畜无害：儿童

表演性人格的儿童子人格必须具备一个特点：他关注别人，希望被别人关注和喜欢。

儿童是可爱的，因此表演性人格也常备着“儿童”子人格，目的是吸引别人的爱怜和关怀。

凡是表演性人格的人，必定有儿童子人格。不过必须要注意，并不是每一个有儿童子人格的人都是表演性的人格。因为多数人，不论是什么人格特点的人，大多都有儿童的子人格。表演性人格的儿童子人格必须具备一个特点：他关注别人，希望被别人关注和喜欢。例如，这个子人格是一位大眼睛的小女孩，10岁，系一条红领巾。最喜欢的事情是和人交往，最讨厌的事情是被老师批评。她很想把事情办好，很乖，听老师话，听家长话，爱笑。可以清楚地看到，这个听话的孩子的生活中心就是要“让别人喜欢”，和表演性人格的生活中心是一致的。因此，这个子人格的存在表明，这个来访者可能有表演性的人格倾向。

再看这个子人格：大约五六岁的小女孩，戴着白帽子，穿蓝白相间的衣服。正在捉蝴蝶。她喜欢的事情是玩、幻想。这个儿童就与表演性无关，因为她的关注点不在别人身上，而是在自己的玩和幻想上。

如何应对儿童呢？儿童子人格给人以天真可爱的感觉，一个人保留一些儿童子人格是很好的，即使一个人八九十岁，也不妨碍他留有一份童心。不过，如果儿童子人格过多，或者占据了主导地位，这个人就会显得非常不成熟。身边的人也许会不喜欢，嫌这个人“装嫩”。

可以用想象的方法帮助来访者改变这个问题。例如，可以在想象中让这个“儿童”长大。可以劝说他长大，消除他对长大的恐惧，培养他的责任感，他就会长大。子人格长大是比肉体的人长大容易的事情。他可能会在一个小时以内长大十几岁，从一个孩子变成一个成人。而我们也会戏剧性地看到，进来时的他像一个孩子，而出去的时候判若两人，像一个沉稳的大人。

No.7 专门用来吓唬人：各种鬼

表演性人格吓唬别人时的“鬼”，可以是张牙舞爪做“恶鬼”状，也可以是阴森森的，一切以吓唬人有效为原则。

表演性人格是癔症的高发人群，癔症患者有可能想象出前面提到过的“魔鬼”，癔症幻想出的魔鬼样子和“标准样子”会有可能不同。例如，可能是像一个猪大小差不多的黑色小兽；或者是像一些黑色的、火红色的绒线球。人们把魔鬼想象为这个样子，不是偶然的，也不是学来的，而是本能的。不论一个人听没听说过魔鬼的传说，只要有了相应的心理障碍，他就有可能想象出和传说中一样的魔鬼。但是必须一次再一次地说明，这并不能证明有魔鬼存在。这表明的是，人在想象中对“死亡本能”所赋予的形象会是一致的。

这是因为人的想象有共同的规律，所以想象出来的形象很相似。

看一看 400 多年前的欧洲人对魔鬼的想象：“（魔鬼附体的）女孩不停地打嗝；终于她俯身把魔鬼吐了出来。它们是一些像拳头大小、火一样红的绒团，只有一只猫是黑的……”（《女巫——撒旦的情人》，Jean Michel Sallmann 著，马振骋译，上海书店出版社，1999 年 12 月，137 页）而邪教信徒说到的魔鬼，形象和 400 多年前的欧洲人的想象非常类似。我的来访者中所想象的魔鬼也有小球状或小猫大小的小兽，区别是欧洲女孩想象中有红色的，而我的来访者的想象中都是黑色的。这说明这种想象遵循着共同的心理学规律。在心理学家看来，400 多年前的女孩和邪教信徒都是癔症患者。癔症患者的想象就是这样的。

表演性人格或癔症患者心里的鬼，常见的还有张牙舞爪的恶鬼。恶鬼的基本外形是龇着牙、张大嘴、瞪大眼睛，手伸出来像两只爪子，有时嘴里滴着血。衣服的颜色一般是黑色的，也有的时候会带有火和血一样的鲜红的领子。这些恶鬼是他们的愤怒情绪所化成。

恶鬼体现他们的愤怒情绪时，造成的效果就是所谓的“歇斯底里大发作”。在有人使他们不满时，他们会突然有这样的大发作。发作时又哭又笑，大喊大叫，就像疯了一样。由于哭得很激烈，他们有时会哭得手脚发麻，甚至会昏厥过去。在“气疯了”的时候，他们也会摔东西、打人。有时，他们的其他子人格可能会利用恶鬼这个形象作为吓唬别人的工具。和依赖性人格类似，表演性人格骨子里也是依赖于别人的。不同的是依赖性人格是被动的，而表演性人格是主动的。表演是他们主动控制别人的方法。所以他们的“恶鬼”，不仅仅是一种情绪的自发的体现，还是他们表演的工具。他们会刻意强调这个鬼的可怕，行为上刻意表现自己的“疯狂”，潜意识中的目的是让别人害怕。

表演性人格吓唬别人时的鬼可以是张牙舞爪做“恶鬼”状，也可以是阴森森的，一切以吓唬人有效为原则。癔症患者的潜意识可以模仿各种生理疾病，被称为“万能模仿者”。同样，癔症患者或其他表演性人格的人，他们的潜意识也可以扮演各种样子的鬼。他们的鬼样子最复杂多变，他们听说过什么样子的鬼，在电影小说中看到过什么样子的鬼，他们心中的“鬼”就有可能是什么样子。

在更为严重的时候，不需要用意象对话的方式来诱导，他们自己就会想象出“恶鬼”的形象，甚至出现“恶鬼”的幻觉，迷信的人就会认为自己“见鬼了”。当他们自我认同于心中的“恶鬼”子人格时，他们自称是鬼，用鬼的阴森森的声音说话，行动举止如同鬼，他们甚至有可能说出一个和这个鬼有关的故事。在农村，年轻的媳妇可能突然像已故的某个长辈一样说话，仿佛他们就是这个长辈的鬼魂附体。在心理学和精神病学中，这样的情况叫作“附体体验”。

如何应对恶鬼呢？在来访者的“恶鬼”出现时，心理咨询师一定要镇静，不要慌乱、不要紧张，如果你的情绪被扰乱，就等于中计。在本质上，恶鬼的目标是要你关心他和发泄自己的愤怒。你的紧张慌乱是对他的一种关心，也是让他发泄的机会。你完全可以就那么看着他，让他发作去。在他“发疯”太厉害的时候，可以用坚定而平静的口气加一些心理暗示。他们对心理暗示是比较敏感的。或者，你也可以平静地揭穿他：“别闹了。”

你的镇静态度本身也可以是一种示范，让这些情绪夸张的表演性人格的人学习如何平静自己。在阴森森的鬼出现的时候，心理咨询师一定不要恐惧。尽管他们善于表演，演鬼的时候可以营造出很可怕的气氛。我做心理咨询时，遇到过这样的来访者，她的“鬼”子人格一出现，她的表情就会大变，说话声音也大变，整个人比鬼片中的鬼还像鬼，而且自称是鬼。当时也是晚上，昏暗的灯光下她凄厉的声音回响着。这时的心理咨询师如果稍有害怕，她的症状就会变本加厉。可是我从容不迫，平静得像在街上看散步的人一样，用随便聊天的口气和“鬼”聊天。这样“鬼”发现吓不到我，就消失了。

要强调的是，所谓表演，不是这个来访者有意识的表演，而是他的子人格在他无意识的情况下表演。因此，不要说这个来访者在“装神弄鬼”，多数时候来访者也是无辜的，他没有“装神弄鬼”。我们承认这个现象，有时来访者的表现就像鬼附体。但是，心理咨询师不迷信，也不认为鬼是客观的存在。也正是因为我们能彻底地不迷信，才能面对“鬼”而不恐惧。某些号称不迷信的人，假如真的见到了同样的情景，我想他也许会比我害怕得多。不是因为他胆子小，而是因为他无知，他不知道面前的“鬼”样子是怎么一回事，他坚决不承认有鬼，恰恰是因为他心灵深处害怕真的有鬼，才用“不相信”壮自己的胆。

用爱与接纳的方式来对待“鬼”，也是很好的方法。有一次我接待了一对恋人，女孩性格稍有表演性特点，对男孩过于依赖。男孩有一点受不了她的依赖，于是稍有疏远。女孩愤怒之下“就像一个女魔头”。男朋友当然受不了“女魔头”，于是更加疏远，这样形成了一个恶性循环。我告诉她的男朋友，不妨用爱做一些化解。在一个香港电影鬼片中，女主人公被鬼附体，变得非常可怕。而她的男朋友因为爱她，还是冲上去拥抱着她。这样坚持了一会儿，女主人公就恢复了正常。我对他说：“在她像一个女魔头的时候，如果你也能这样抱住她，她也会变回善良美丽的‘本相’。”

这样的想象就是用“爱”化解“愤怒”。那个男孩后来说，他们的关系后来改善了不少。他们发生冲突的时候，他经常会想到这个电影中的情节，而他就可以用爱、拥抱和关心改善双方关系。

No. 8 藏在光彩掩盖下的自卑者：丑陋者

丑陋的子人格是自卑情绪的化身。表演性的人格展示的是自己美好的一面，掩藏的是自己丑陋的一面。

在哲学的范畴里美和丑是一对孪生姐妹，表演性人格中包含着最美的子人格，也包含着很丑陋的子人格。美的子人格是他们的理想自我、自我追求，而丑陋的子人格是他们内心中自卑、焦虑情绪的化身。表演性人格展示的是自己美好的一面，掩藏的是他们丑陋的一面。他们在内心深处越是自卑，就越要炫耀自己的美丽。

有一个来访者把他的一个子人格命名为“卡西莫多”，这是小说《巴黎圣母院》中一个角色的名字，这个角色是一个非常丑陋而心地善良的人。以下两个子人格的主人性格有一点表演性，但是没有心理障碍。

母青蛙，名字叫 Lucy。它是绿色的，丑，跳得高，跑得快。它喜欢一个很美丽的子人格海伦，不过海伦并不喜欢她。

毛毛虫，名字叫 Nick。很小，棕色，很难看，极丑，极恶心。它不停地跳，因为他害怕孤独，希望与人交朋友，宁可被踩死，也要爬出来，让大家注意它。它的心情有一点伤心。

青蛙、虫子常常被用作丑陋、自卑的象征。虫子很小、丑，而且恶心，代表的主要是自感卑微的情绪，其他意义不多见。不过青蛙还有其他的意义，例如，它可以象征多产、繁殖力强。因为生活中的青蛙可以产很多的卵。从“多产”这个意义上，它又可以和“母亲”这个原型结合，产生母性的意义。但是，在来访者出现青蛙这个子人格意象时，首先应该想到的是“丑陋”“自卑”等意义。

癞蛤蟆和青蛙相比，丑陋的程度更高，而且，癞蛤蟆是有毒的，象征着攻击性，所以癞蛤蟆作为子人格出现时，不像青蛙那么善良。

如何应对丑陋者呢？应对丑陋者的最简单的方法，就是爱他们、关心他们，不要轻视他们。

丑陋者往往是被歧视、贬低和讨厌的对象，但是实际上他们有很多优点。他们自卑，但是他们也谦虚；他们比较善良、有爱心，虽然他们不像演员和美女一样让人一见倾心，可是相处久了就会发现，他们是你更好的朋友。癞蛤蟆不是那么善良，但是如果你细心，你会发现它的攻击性实际上只是一种自我保护而已。对那些关心它、不轻视它的人来说，癞蛤蟆是一个很热心的朋友。

如果你自己有一个很丑陋的子人格，千万不要轻视他，请在想象中像善待亲人好友一样对它。你会发现，只要你能一直这样做，总有一天，青蛙会变成英俊的王子。

Part 20

流泪是为谁：

与依赖性有关的子人格

所谓依赖性人格，指的是这样的一种性格特点：他们缺少主见，经常让别人为自己做决定；依附于某一个人，也许是父母，也许是丈夫或妻子，听对方的话，顺从对方，不敢对对方提出要求；总害怕被抛弃，害怕没有人照顾，又觉得自己没有能力自己生活；总觉得自己无依无靠、无能力、缺乏精力。这些特征严重的时候，就可以定义为依赖性人格障碍。不过，在不足以称为有障碍的人中，也有很多人具有这些特点，可以说这些人是依赖性人格。依赖性人格的人可能出现的其他心理问题主要是抑郁。因为当你依赖别人，你就把自己的幸福交到了别人手中，一旦被依赖的对象对你不够好，你就不可避免地会抑郁。

依赖性人格的子人格中有一些很有代表性的子人格。

No. 1 我用泪光吸引你：哭泣者

哭泣是为了吸引他人的安慰，是依赖性强的人最喜欢的。

在他们的子人格中经常会有一个爱哭的人。依赖者依赖于人，难免有时会受到冷落，越是对他人纠缠不休，往往受到的冷落就越多。这时心里难免会产生愤怒、恐惧或抑郁。

他们不敢太多愤怒，因为愤怒的结果可能会惹恼自己的靠山。于是，他们会把愤怒压抑转变为抑郁，转变为哭泣。抑郁和哭泣是相对比较安全的，因为它可以激发“靠山”的怜悯之情。哭泣着而有人来安慰，是依赖者心中最幸福的事情。

这是一位女性的子人格，子人格的名字叫莲莲，是一个女孩，十八九岁。她的发型为披肩发，穿白色连衣裙。第一次在想象中出现的时候，她是在河边哭泣，渴望有人来安慰。倾听她诉说心中的苦闷。她最怕一个人孤独寂寞、别人的冷眼。她犹豫自卑、脆弱敏感、优柔寡断。

长发，在表演性人格和依赖性人格中都会出现，是多情的象征缠绵的象征。在依赖者这里是“哭泣者”对异性依赖的象征。多情是她们潜意识的手段，是为了吸引异性。正如一首歌的歌词“没有星光的夜里，我用泪光吸引你”。她们的悲哀是自怜，也是为了博得别人的怜惜。在这个子人格身上，实际上有性的元素。

“哭泣者”以女性居多，但是也不全是女性。也有男性的哭泣者子人格，他们的外形一般是天真的少年形象，瘦弱纤细柔美，容易勾起女性母性的关怀。

注意，“哭泣者”是依赖者不顺利时产生的消极情绪的化身，可是又成为依赖者寻求依赖的工具。实际上有一个子人格在背后利用“哭泣者”做依赖工具，或者对她传输“没有人可依赖是不行的”一类的观念，这个子人格往往是“狡猾的魔鬼”一类的子人格。

依赖者和表演者一样，都是在操纵别人，依赖者也是广义上的表演者，但是不同的是，她只演一种角色，就是“柔弱的我”。表演者追求的是别人的注意，而依赖者要的是别人的关怀照顾。

如何应对“哭泣者”呢？依赖也不是不好，只不过不能过度。假如这个“哭泣者”占了主导地位，这个人就成了一个“哭泣者”。林黛玉是不是这样一个人我们无法考证，也不可能为她做人格意象分解。但是，我们知道，并不是谁都能够接受林黛玉。虽然她聪明、美丽，但是那“从春流到秋，冬流到夏”的眼泪的确让好多人觉得受不了。

假如有个人有这样的“哭泣者”子人格，非常爱哭，我们应该怎么办呢？或者说，假如自己不幸是这样的人，自己又应该怎么办呢？

哭泣，是需要酝酿情绪的，是需要氛围和环境的。环境必须安静，光线不可太好，人才可以哭。假如是在游乐园，或者四周都是打游戏机的，或者在劲舞的舞场，似乎谁都难于哭泣。所以如果一个人总是执着于“哭泣者”子人格，可以让他想象一个这样的情境，于是“哭泣者”就不见了。如果在实际的生活中，让他走出户外，参加一些体育运动，“哭泣者”出现的频率也会下降。

No. 2 惹人怜爱的小家伙：儿童或小动物

依赖性强的人的儿童子人格数量相对多一些，这正反映了他们在心理发展上的不成熟。

绝大多数人的子人格中都有动物，也都有儿童。不过，依赖性人格中儿童的数量相对要多一些。也许，这正反映了依赖性的人在心理发展上的不成熟性。而且可以看出，依赖性的人所想象出的儿童中，多数也表现出对人的依赖这个特点。

有一位女士的子人格中出现了这样的两个形象：小红，一个十三四岁的女孩，扎着小辫，穿着有大红花的衣服。她最喜欢做的事情就是和哥哥一起玩。最不喜欢的事情是有人招惹她。还有一个形象叫小兰，也是一个十三四岁的女孩，外貌像小红，但是更弱小，需要别人的帮助，胆小，紧张。

小红和小兰是她性格中两个很接近的侧面，区别是小红更活泼外向，而小兰胆小一些，但是她们都关注着别人，依赖着别人。小红快乐的前提是要有别人和她一起玩，小兰则最需要别人的帮助。这样的性格说不上不好，但是，在失去依赖对象时，她们就会在情绪上受到比其他人更大的挫伤。

同一个人还有另外的两个动物意象：一只是母猫，白色的，长毛，眯着眼睛。最喜欢的事情就是在主人怀里或身边听主人讲故事，让主人抚摸它。它的性格是温顺、听话、依赖。还有一只小狗，也是白色的，总是欢蹦乱跳，扑到另一个子人格少爷的腿上，让少爷逗它。

除了可爱的动物外，依赖性的人还有一些可怕的动物子人格，如吸血的蝙蝠。“吸血”象征着从别人那里吸取生命的力量，而这是依赖性的人所常做的事情之一。当然，这不是他们希望自己表现出的形象，毕竟蝙蝠不美丽。不过，这也并不是最坏的形象。因为在被依赖的一方，还会有更不美丽的比喻。有一位先生，他的妻子依赖性太强，他实在受不了，他竟然把妻子比喻为蚂蟥。

如何应对儿童和小动物呢？依赖者的儿童和小动物子人格都很可爱，一般不需要改变。如果感觉过度了，可以在想象中引导儿童长大，长大后，他们的依赖性有可能会有所降低。

吸血的蝙蝠、蚂蟥等动物形象虽然看起来很可怕，但是实际上没有什么可怕的。蚂蟥在吸血的时候，你越往外拽，它就越用力吸。可以用转换想象的方式来减弱它的“依赖性”。首先，可以让来访者想象那不是一条蚂蟥，而是一只饥渴的小猫，正在吮吸猫妈妈的乳房。也就是说，你不能用蚂蟥的方式来依赖，不能伤害别人或者强夺别人的血，而可以用小猫的方式来依赖。如果原来是蝙蝠，可以想象那不是蝙蝠而是蝴蝶，是在吮吸花蜜。这样，就可以把矛盾减少、化解。

No. 3 因病获益：病人

生病是得到关怀的一种很好的手段，依赖性强的人几乎都有病人子人格。

得病是得到关怀的一个很好的手段，因此，依赖性的人几乎必然有“生病”的子人格。例如，荣荣，一个十一二岁的小女孩。她瘦弱，有病，贫血。她面色苍白，眼睛小，尖下颏，营养不好的样子。她天生一副让人怜惜的样子，懂事，体谅父母，不提无理要求。

在其他依赖性的人，有病的子人格可能样子会不同。例如，也许会是大眼睛。但是，面色一定是偏于苍白的。也许有的子人格会有咳嗽或疾病的症状。

假如依赖者的“病人”子人格占据了他人格中的一个主要地位，这个人就有可能真的得病。因为一个人是不是得病，除了身体素质的原因、病菌的原因等之外，心理和情绪的影响也是一个重要的原因。就像中医所说的，“七情可以致病”，消极的子人格会引起相应的情绪和身体变化，很有可能引起真实的身体疾病。

在这个情况下，会比较难以分辨事情的因果关系，是因为他先得了病，然后才出现这个“病人”子人格，还是因为他有依赖性，产生了这个子人格，然后才得了病。不过，也不大需要搞清楚孰先孰后，因为有一点是清楚的：“病人”子人格的存在会增加他得病的可能性，而得病的事件也会加强他的“病人”子人格，而且可能会加强他的依赖性。这两者之间有互相促进的关系，只要削弱了其中一个，另一个也会随着削弱。

假如一个人的“病人”子人格占据了心灵的主导地位，而他的身体却偏偏比较强健，并没有出现身体疾病，潜意识中的压力就会引起一种心理症状——疑病症。一个有疑病症的人会不停地怀疑自己得了某种严重的疾病，如癌症、心脏病等。即使在医院检查后，医生说他没有问题，也不可能消除他的疑心。他会怀疑医生没有认真检查，怀疑医生知道他有了不治之症而对他隐瞒真相。即使多次找不同的医院检查而没有发现疾病，他也不可能消除怀疑。因为他有一种感觉“我明明是有病，明明是非常不舒服，怎么会是没有病呢？”某种意义上，他的想法也有一定的道理。他的子人格中的确有一个“病人”，的确有疾病，难怪他总觉得自己有病。但是，他不知道，病了的是想象中的一个子人格，而并不是这个有血有肉的真实的身体。他把想象的世界、心灵的世界和现实的世界混淆了。

如何应对“病人”呢？依赖者也不可能整个人都衰弱，“病人”子人格衰弱只是因为这个子人格上的心理能量太少。一个人的心理能量是守恒的。这个子人格上的心理能量少，必定会有另一个子人格的心理能量多，只要借助那个心理能量多的子人格，就可以使心灵中的“病人”子人格康复。

依赖者常常有一个“魔女”或者“疯子”的子人格，后面将详细介绍她。这个子人格很凶、很疯狂，这是由于，魔女和疯子有着较大的心理能量，是有力的。中医说，一座山上有毒草，就必然有能化解这毒草的解药。当然，这解药有可能本身也是一种毒草，但是它可以以毒攻毒。魔女就是病人的解药。假如让来访者在想象中让病人和魔女交朋友，让他们互相帮助。在魔女发疯的时候，病人帮助她安静下来；病人自感衰弱的时候，魔女可以给她支持和鼓励。这样，这两个子人格都可以向好的方面转化。

如果没有“魔女”或者“疯子”，也必定会有其他有力量的子人格，但是在依赖性的人身上，这个子人格一定是被强烈压抑的。因为一旦他的力量被“靠山”发现，他也就失去了依赖的理由。为了继续依赖，他必须压抑这个子人格。而心理咨询师所要做的就是逐步帮助他减少依赖，获得更多的独立；帮助他发掘、培养这个被压抑的子人格。

No. 4 愤怒的女神：魔女

当魔女子人格独立后，可能会变得更有力量，也更美，如变成太阳女神、“大母神”等。

依赖，可以像天堂一样美丽，也可以像地狱一样可怕。最美丽的依赖是新生儿的依赖，他绝对的无助、绝对的信任、绝对的依赖。他可以唤醒别人天生就有的母性或者父性。让这样一个孩子在自己的怀里，感到自己被这样一个孩子依赖，这是人最大的幸福之一。

但是，当孩子长大后，当他应该独立的年龄到来之后，依赖就未必一定会可爱。当然，我的话不应该说得太绝对，有的时候，依赖也是可爱的，妻子可以模仿孩子的样子依赖丈夫；丈夫也可以用类似的方法唤起妻子的爱怜，这些都无可指责。只要使用适当，这也是一种生活方式。但是如果一个人是因为害怕危险、逃避责任、不愿努力而必须依赖别人的时候，他对别人的依赖就会变得过度。某种意义上他成为一个寄生者，完全靠依赖别人生活。这样，他的依赖就不再可爱，而成为别人的负担。如果他格外害怕失去这个“寄主”，他就会死死缠住这个“寄主”，这样，依赖就不再是一个有趣的游戏，而会使对方感到窒息。于是，对方就会努力摆脱这个依赖者。而这会使依赖者非常恐惧、愤怒，于是“依赖与保护”的游戏变成了“纠缠和挣脱”的战斗，严重的时候，双方都会感觉如同生活在地狱中。

纠缠着对方的依赖者肯定有一个子人格会像魔女。这个魔女衣服的颜色大多是黑色的，个别时候也许会是白色或者大红色，但是很少有其他颜色。她的外貌中，最引起人注意的就是她的表情，那是疯狂的，或愤怒的，或执着的，或警惕的，眼光发直。还有就是她的头发，长而披散着，或黑或白。长发是一个标志，标志着她对感情的极度重视，披散着则意味着愤怒和疯狂。这个魔女和表演性人格中的恶鬼很相似，有时是一样的。因为依赖性人格和表演性人格本来就有许多类似之处。

如何应对“魔女”或“疯子”呢？“魔女”比较容易转变。在想象中，允许她表达自己的愤怒，并且强调“魔女”的力量，让她体验到自己的力量。当她体验到自己的力量后，她就会有所转变，变得更加独立。

依赖者不独立就是因为她没有发现自己的心理力量。她没有发现自己的心理力量是因为她压抑自己的“魔女”，压抑了自己的力量之源。她压抑自己的“魔女”是害怕得罪了自己所依赖的人。她害怕得罪自己所依赖的人是因为她觉得自己没有力量独立生存。依赖者走进了一个死循环，她误把希望寄托于别人而没有寄托于自己那有力量的子人格。

“魔女”独立后，可能会变成更有力量也更美的形象。例如，变成太阳女神，变成“大母神”等。

“疯子”稍微难处理一点，因为疯子没有魔女心理力量强，而且定力也弱一点。但是，在处理原则上，和对待魔女是一样的。过分依赖别人的人必定要被轻视，被轻视必定会愤怒。这愤怒就是自救的基础，因为愤怒表明这个人有自尊。过去，她的其他子人格必定是在压抑着这个愤怒，而我们允许她愤怒，这样，疯子也一样可以转化为有力量、自信的其他形象。

No.5 不幸的象征：乞丐

依赖性强的人虽然可能在现实生活中是锦衣玉食，但是在心态上和乞丐并无区别。

“乞丐”是依赖者具有的一个子人格，外形和我们见到的乞丐一样，破衣烂衫、灰头土脸，甚至有身体的残疾。

按道理说，乞丐只不过是比较穷而已，穿破衣烂衫是可以理解的，但是为什么脸上要到处是泥呢？难道找一点水洗洗也非常困难吗？应该不是。也许有人会说，因为乞丐生活不如意，心情不好，所以没有心思洗脸；或者做乞丐的人性格疏懒，没有兴趣洗脸。这些都不是主要的原因，实际上，乞丐是故意把脸弄脏的；他们知道这样要到钱的可能性会比较高。

为什么脸脏会要到更多的钱呢？因为它迎合了施舍者的心理，施舍者觉得乞丐应该是很脏才对。施舍者为什么会这样认为呢？显然不是出于理性的思考和推理，而是根据想象。想象又为什么会是这样的呢？因为人的“乞丐”子人格就是这样子的。

“灰头土脸”象征着这个子人格中含有前面所说的一个心理元素：“灰暗”。它是自卑的象征，是缺少自尊的象征，也是抑郁的象征。依赖者虽然在实际生活中也许是锦衣玉食，但是在心态上和乞丐没有什么区别，因此子人格中常有乞丐出现。

如何应对“乞丐”呢？被一些艺术评论家认为肤浅的周星驰，演过一个故事片叫《济公》。在这个片子中，对心理调节的方法进行了非常深入的探讨。故事中，济公下凡的任务之一是帮助一个注定要做十世乞丐的人。济公发现这个人做乞丐的原因是他失去了自尊心。他费尽苦心，试图帮助乞丐恢复自尊，但是十分困难。乞丐已经适应了没有自尊的生活，不愿意努力去恢复自尊。

经过一次次尝试，济公突然发现了一件事，这个乞丐喜欢上了一个妓女，而在他所爱的女人面前，他不愿意表现出自己没有自尊的样子。济公大喜，他发现用“爱”可以治疗自尊缺乏的心理疾病。于是他鼓励和帮助乞丐去追求自己的爱情。后来这个乞丐被一个恶人害死了。但是，在他临死的时候他大喊：“不要叫我乞丐，我的名字叫朱大昌。”在故事中，他虽然死了，但是终于找到了自尊，而来世的他将不再是乞丐。

这个故事可以说是一个伟大的寓言，而这也恰恰是在人格意象分解和意象对话中所做的事情。用其他子人格的“爱”是可以消除“乞丐”子人格的自卑的。

另外，还有一种对恢复自尊很有用的方式，就是激发“义愤”，对压迫者的愤怒也可以恢复乞丐的自尊。电影《济公》中，朱大昌恢复自尊除了因为爱，也因为对恶人的愤怒和反抗。依赖者都缺乏反抗的勇气，如果我们激发了他们的勇气，对消除自卑也是很有用处的。记得波德莱尔曾经写过一个小故事，他发现某一个装玻璃的工匠缺乏自我坚持和自尊心，就故意欺负他，一次次欺负他，直到把工匠激怒。而波德莱尔这时非常高兴，因为他发现对方的自尊心也恢复了。

当然，波德莱尔的方法是危险的，不能轻易使用。有些依赖者的心理太有问题，即使受到虐待、家庭暴力，他们也都可以继续忍耐，而当他们终于愤怒的时候就太危险了，他们有可能做出暴力的行为。许多杀人案件就是这样发生的。

虽然在子人格之间，“杀恶人”没有什么关系，但是依旧不是最好的方法，最好的方法还是借助“爱”的力量来消除自卑。

Part 21

心灵的肇事者：

易导致心理问题的子人格

称他们为肇事者，是因为他们的存在可能会带来一些心理的问题。问题可大可小，但是多少都会对人、对人们的生活有些影响。在不了解他们的时候，我们不知道生活中出现的麻烦往往是自己内心中的子人格造成的，此时就会把它归结为命运。这也许会使我们对命运有许多抱怨，或者对别人产生不满，但是抱怨是无济于事的，如果靠抱怨就可以改变命运，这个世界一定快变成天堂了，因为这个世界上不知道有多少人每天都在怨天尤人。抱怨没有任何用处，它唯一的好处是可以让你自怜而已。而真正有用处的是了解自己，了解自己的每一个子人格，并善于处理他们。这样命运才会有所改变。即使做不到这一点，至少我们活得明白——成功得明白，失败得也明白。孔子说君子“不怨天不尤人”，君子能做到这一点不是仅靠自己克制就行的，他必须能够“知天命”。我们的子人格就是我们的“天命”，知道了它们，即使不能改变，我们也能做到“顺天听命”，这样虽然还是有一些不如意，但是我们可以接纳它了，可以不抱怨了，可以少一些因抱怨而增加的心理痛苦。例如，我知道了我天生就没有音乐天赋，没有一个有音乐潜质的子人格，我就犯不上拼命努力去学习小提琴；我知道我反正不可能成为音乐大师，我就认命做一个一般的音乐匠人好了，或者干脆改行做别的。认命，也不都是消极的，它也是对自身特点的一种接纳态度。下面介绍一些子人格。

No. 1 没有情绪就不用痛苦：穿着冰冷盔甲的机器人

机器人子人格是“自我保护”达到了很高程度的体现，他们将自己和情绪隔绝。

最冷血的动物也还有血。例如，我们说“蛇”是冷血的象征，但是在恋爱中，它也可以热血沸腾。那我们会用什么来象征那些完全没有情绪色彩的、纯粹理智化的子人格呢？在现代社会中有一个很好的象征物，那就是机器人。它的行为像一个人，但是完全无血。

机器人子人格的外形大多是一般人的形状，没有性别，或是男性的样子，金属外壳多为银白色或灰色。

这个子人格是“自我保护”达到了很高程度的体现。金属的外壳表明的就是这个人心中的一个“外壳”，由于有这个外壳，表面上这个人似乎很少有情绪的冲动。他感觉不到自己在克制情绪，甚至他感觉不到自己有什么情绪。遇到很大的打击，例如亲人去世，他也不觉得怎么悲伤；遇到好的事情，他也没有觉得有多少快乐。如果说他的情绪没有完全消失，那也只是在和“物”

打交道的时候，他会有投入和喜爱。这是因为和人相比，毕竟“物”是更容易把握的，不会伤害到他的。在和物打交道的时候，他才有足够的安全感。

机器人子人格在男性中相对比较多。有这种子人格的人，似乎情绪的本能被削弱，不过智力的发展并不受影响，他甚至会很聪明优秀，有可能考很好的大学。他比较喜欢理工类的专业，因为这些专业是和“物”打交道，在这些专业上他可能比同等智力的同学学习成绩更好，因为他会把更多的时间和精力用在学习和研究上。本质上他是非常自闭的人，但是在外表上未必表现得很明显。不过，他们很难和一个人深入地交往，建立感情联系，因此在恋爱中比较容易出现问题。他们往往会受到那些情绪冲动的异性吸引，而在恋爱后，恰恰是这样的异性最不能忍受“机器人”的冷漠表现。于是双方冲突就会越来越大。

最严重的情况就是所谓的“自闭症”，他们几乎完全失去了情感交流的能力，他们的思维就像计算机一样不能容忍任何一点不精确性。他们失去了独立生活的能力，失去了和别人交往的能力。但是，即使是自闭症，他们的智力能力也还得到了保留，因此有些自闭症患者会在某个方面表现得很好。我见过速算能力很高的自闭症患者和能背下一整本字典的自闭症儿童。

实际上一个人有“机器人”子人格，正说明他对情感的压抑非常大，在“机器人”的保护后面，在内心的深处，这样的人一定有着很多消极情绪——恐惧、悲哀、愤怒等。在消极情绪积累很多、环境条件适当的时候，这些情绪会在背后起作用，于是这个人会突然干出非常残忍的事情，残忍到让熟悉他的人都难以相信。

举个例子，多年前曾经有个引发舆论关注的新闻，某大学学生为了“实验熊对味道的辨别力”，将硫酸泼到动物园的熊嘴里。我相信他一定有“机器人”子人格，因为他的态度和行为模式与我看到过的“机器人”很相似。他就有很多的情绪压抑，因为母亲对他的管束和控制太严格。在潜意识中，他通过伤害熊来宣泄自己的消极情绪；而在意识层面上，他并没有什么情绪，而只是觉得自己就是在做一个实验而已。这个没有情绪的意识层面的“他”就是“机器人”；而在潜意识中要发泄情绪的，也许是另一个子人格，如“厉鬼”。

如何应对“机器人”呢？要减少“机器人”的消极程度，就要从恢复情绪感受的能力入手。因为“机器人”的作用，他们对自己的情绪感受力很弱，一件事当前，常常不知道自己的情绪。这时，首先应该帮助他们注意到，“机器人”又在起作用。可以提醒他：“你现在的行为就像一个机器人”。但是要注意，语气中不要有批评的意思。如果有批评的意思，他的机器人就更要保护自己。他会不承认，会和你争辩，而争辩是不可能改变他的。温和的提醒，可以让他对自己什么时候出现“机器人”状态能有所意识。

在他意识到自己的机器人出现时，他自己可以有意识地寻找自己的其他子人格——那些带着情绪能量的子人格。他会发现，每当“机器人”出现的时刻，往往都是内心中另一个子人格感到“委屈、恐惧、悲哀”的时候。这样，他就开始认识到了自己的情绪。心理咨询师应该允许并鼓励他表达这些情绪，使之得到一定的宣泄。心理咨询师良好的共情和理解，也可以让他接纳自己的情绪。这样，情绪的压力就可以得到一定的缓解。

表达情绪的能力越强，“机器人”的外壳就越薄，因为他不再需要那么厚的外壳做自己的保护。心理咨询师要鼓励来访者做一个“敢爱敢恨的人”。“机器人”之所以没有情感，就是因为不敢爱也不敢恨。若敢爱敢恨，则“机器人”就可以转化为有血有肉的活人。

还有一个方法，是在恋爱或友谊中恢复情绪能力。“机器人”出现的时候待人冷漠，而这会引起朋友和恋人的不满，甚至引起冲突，如果一个人知道自己有“机器人”子人格，这时要注意不要批评对方，应该反过来看看自己是不是过于冷漠。试着体会对方的心情，关心对方，这样不仅可以让对方感到你更为体贴，也可以使自己对情绪体察的能力增加，利人又利己。不过，如果你发现你的恋人或朋友有“机器人”子人格，不要做心理咨询师做的事情，不要对他说“你的‘机器人’子人格出现了”，因为如果你掌握得稍有不当，他就会把你的话理解为攻击和批评，更何况他的不满很可能就是针对你的，你不是局外人而是当事人，这样有可能会适得其反。

No.2 以性忘记死亡：纵欲者

性放纵者把异性看作是物，仅仅是满足性欲的对象，因而把自己的存在也降低为物的水平。

“魔鬼”原型可以和性的原型相结合，形成各类“纵欲者”或“淫魔”子人格。

性是人的第一本能，是生命的体现；“魔鬼”是死亡的象征，是死亡本能的体现。为什么“魔鬼”会和性放纵结合在一起呢？说起来并不奇怪，“魔鬼”会和任何生命活动结合在一起。

性受到压抑的时候，就会产生一种想放纵的欲望。而“魔鬼”利用这个欲望，怂恿人真的放纵自己的性欲；极端的情况就是乱来，不管对象是谁；不那么极端的就是放纵自己，或者成为一个诱惑者，一个诱惑异性并且宁愿毁掉对方的生活也要满足自己性欲的人。

性放纵者是把异性看作物，看作仅仅是满足性欲的对象，因而就把自己的存在也降低为物的水平。这个态度象征的是对待死亡的“退让”态度。另外，就像人们会借酒消愁一样，人们也可以借助性来削弱对死亡的恐惧。对于这些人，性是一种成瘾。

正如存在主义哲学家所发现的，人活着有一种基本的焦虑感。这种焦虑感是因为死亡随时在我们身边，随时准备着，只要一有机会，就把我们抓到他的手中。我们越想保有生命，这种焦虑就越强烈。有的人不能忍受这种焦虑，就主动降低自己的生命力，让自己的生命水平降低，让自己成为动物性甚至物的水平的存在，成为行尸走肉式的人，从而减少了这个焦虑。爱情，是生命力的体现，而性放纵则是动物性的生存，是生命力较低的反映。放弃爱情而改为性放纵，就是对死亡的退让。

另外，性本能也利用“魔鬼”达到生命的目的。性是繁殖，性放纵也是“多繁殖”的本能。它代表着潜意识中一种态度：“我的生命也就这样了，我要多繁殖后代，为未来培植希望”。竹子在濒临死亡的时候开花，是因为这个时候繁殖的需要最大。人也是一样，越是感到死亡的气息，越是急于性活动。

如果对原始文化有了解，还可以知道，性放纵有人类学的基础，原始民族往往在节日是“奔者不禁”的，也就是对性是放纵的。因性放纵而玩弄并摧毁了异性的心灵的那些人，在潜意识中对异性有敌意，而且，在更深一层他们是把死亡投向异性，试图把异性作为一种“祭品”，用来祭祀“魔鬼”或者“死神”，从而让自己免于死亡。他们感受到了死亡焦虑，但是通过让别人走向死亡，让别人成为替罪羊，会使他们觉得自己可以离死亡远一点。他们喜欢把异性玩弄于股掌之上，这可以给他们一种“控制感”，从而部分抵消他们在死亡面前那种“束手无策”的感觉。

性虐待者和部分强奸者是更极端的，他们通过虐待性对象，甚至通过杀死性对象，获得的是一种掌握对方，甚至掌握生死的感觉。他们觉得自己就像神一样，可以有绝对的权利。但是，实际上这种控制感是虚幻的，他们在这个时候实际上是更深地被死亡本能所控制着。香港有一个电影叫《人肉叉烧包》，主人公是一个变态杀人狂、性虐待者，他的行为就形象地反映了这一点。

顺便说一句，如果某个子人格像一般形容的“色鬼”，这没有什么大的关系，只不过说明他在性上不满足而有些自卑而已。

如何应对纵欲者呢？应对纵欲者很不容易，因为在一个人的人格中出现这个子人格，说明他已经上了“魔鬼”的贼船。而且性是如此舒适而且有刺激，要放弃它也不能让人心甘情愿。

纵欲是一种成瘾行为，本质上来说，和喝酒、抽烟上瘾，甚至和药物滥用的成瘾相似。滥交、性虐待等都是为了寻求更大的刺激，和吸毒者追求越来越大的药物剂量是同样的道理。时日久了，他们在性中所得到的乐趣越来越少，一次云雨之后，只有一种空虚无聊的感觉，但是如果没有大量的性刺激，他们却难以忍受。

个别性欲亢进者会寻求心理咨询的帮助，但是为数不多，多数纵欲者不会寻找心理咨询，因为他们不认为自己的心理有什么问题。假如他们希望改变自己，关键在于戒除过分刺激性的性行为，在性行为上争取和一般人一致。这个过程不是那么容易，因为性的冲动如洪水一样强烈，而且如果不进行刺激性的性行为，他们很可能发现自己反而会出现性能力衰退。假如是这样，不妨在一个短的时间内放弃性行为。在此过程中，可以用一些辅助的想象，例如，想象一只雄鹰击退了淫魔。同时，要在生活和工作上多一些追求，避免过多的时间想和性有关的事情。

千万不要走入另一个极端，追求绝对禁欲。纵欲者很容易出现这样的偏差，从纵欲走向了禁欲。

No.3 总觉得周围的人不怀好意：恶兽和恶势力

某些子人格象征的是偏执性的人格特点。有这类子人格的人，易对别人有猜疑，总认为别人对自己不利。

狼、鳄鱼、毒龙和怪兽，这些在传说中威胁着人类的凶恶野兽，也依旧威胁着部分现代人的心灵。在他们的心中，这些恶兽无时无刻不在跟踪他们、威胁他们。想象中的狼跟踪在其他子人格之后，不远不近，十分可怕。有时，他也会以人的样子出现，成为传说中的“狼人”，有人的身体但是嘴里有尖锐的长牙。

在想象中出现的恶兽也是子人格，这些子人格象征的是一种偏执型的人格特点。有这样的子人格的人对别人容易有猜疑，总觉得别人在做对自己不利的事情。

偏执型的人也会想象出一些和这些恶兽一样邪恶的人的形象，例如，一些邪恶的监视自己的人、密探、间谍等，他们和恶兽一样阴险而有威胁性。恶兽不同于猛兽，猛兽如虎豹是光明正大的，而恶兽是阴险邪恶的。虎豹像在战场上遇到的敌人，他们使懦夫恐惧，但是使英雄兴奋。英雄甚至欣赏自己的敌人，因为这些强大的对手可以激发自己的力量。而狼不正面和你战斗，而是在背后跟踪，准备在你不注意的时候偷袭你，这是更令人恐惧的。

偏执型的人害怕的就是被暗算，因此他们非常恐惧，这些子人格就是他们恐惧的化身。同时，他们也想暗算别人，因此这些子人格也是他们自己的阴暗面的化身。这两面是不矛盾的，想暗算别人的人才总觉得别人会暗算自己。在实际生活中，最常遭到暗算的是类似英雄子人格的人物，但是恰恰是这些最应该提防暗算的人会轻信别人和疏于提防。原因是英雄自己不暗算人，以己度人，也容易把别人想得更为光明正大。

偏执型的人在生活中的确总是很难和别人处好关系，就是因为他们对别人的猜疑心太重，总觉得别人在算计他、轻视他。偏执中的一个类型就是对恋人或配偶的过分猜疑，总担心对方有外遇。

实际上，在我们的文化中，多数人都不会对自己的恋人或配偶绝对放心、绝对不猜疑，多多少少有一点猜疑和担心是没有关系的。但是，如果这种猜疑和担心过分强烈，则对双方关系就是一个很有危害性的因素。

当然，狼等形象并不总是代表“恶兽”，狼也有可能代表某些好的意义。例如，狼可以代表坚忍精神，或者代表母性等好的意义。

一个形象的意义要具体分析，不能死搬硬套。

如何应对恶兽呢？应对恶兽是很困难的，因为偏执型的人不相信别人，也不相信心理咨询师，你很难取得他们的信任。况且，他们总以一种敌对性的态度对待你，难免不激发你对他的讨厌、敌意情绪，这样，双方关系就可能进一步恶化。如果有一个很优秀而且有爱心的心理咨询师，想改变来访者的偏执型，他或许可以在这样几个方面做一些事。

一是不敌对。不论对方多么有敌意，心理咨询师没有敌意，在想象中不和“恶兽”战斗，而是处之泰然。偏执型的人会一而再、再而三地表露敌意，试探心理咨询师的耐心。假如心理咨询师的耐心很好，顶过去了，则偏执型来访者的敌意会有所减少。这是因为他们经过了长时间的实验，不得不承认，世界上的确存在着一些敌意较少的人，可以不作为自己敌人的人，这位心理咨询师就是。

二是用爱化解仇恨。因为恶兽类子人格是敌意和仇恨的化身，而只有爱可以化解仇恨。可以利用那些有爱的子人格，例如用观音菩萨的形象来降伏这些恶兽。

三是增加来访者的自信。自信的人不会嫉妒别人，也就没有那么多的敌意。

No.4 心灵的严重隔离／陌生的自己：天外来客外星人

外星人子人格的出现表明，我们内心的隔离感太严重，以至于心灵的某一部分已完全与其他部分隔开。

在梦和想象中,星系常用来象征着自我和他人。“地球”象征自己，而其他星代表别人。一般来说，外星人的象征意义是和自己的距离非常远的、截然不同的一些心理经验。梦见外星人，往往代表着那些自己没有办法理解的、和自己性格截然不同的人。

在人格意象分解中，事情有所不同。一般来说，不应该想象到外星人，因为那是别人。但是，有时这个形象的确会出现，而不代表别人。这表明出现了一种情况：来访者自我的内部隔离太严重，以至于他心灵的某一部分已经完全和其他部分隔离开了，完全失去了和人格其他部分的结合与相互理解。这个部分已经从他的整个人格中被剥离。对这个人的人格主体来说，那个部分就像是别人的而不是自己的，于是这个部分就成为外星人。这就是人格真实的“分裂”。

有一部外国电影，说有一个人号称是外星人。一开始他的一切表现真的像外星人一样，以至于有人相信他真的有可能是，但是后来精神病医生发现他不是。他就是一个地球人，只不过在经历了家庭中的不幸后心理出了问题，这可以作为一个旁证。如果这个电影有人物原型，则那个心理病人就是在想象中认同自己的“外星人”子人格。如果这个电影纯粹是虚构，则说明编剧在想象中出现了外星人，而且编剧直觉地了解到，外星人就是我们心中被隔离分裂的那部分。

这样的子人格主要出现于分裂性人格障碍、自闭性人格障碍、精神分裂症初期等。

如何应对外星人呢？原则上，应对的方式是让外星人和其他子人格多多交往，增加了解，直到让外星人变成人，懂得人的情感。

就像外国电影中常见的故事，让外星人和子人格中的儿童先交朋友，这是一个好的办法。因为儿童最少批判性，所以不会压抑外星人。

我们必须对这样的人有高度的接纳，他们才有可能转变。在本质上，这样的人是非常敏感而脆弱的，非常容易受伤害、非常胆怯。另外，他们和社会现实之间隔着非常大的距离，所以他们的想法和行为都比较古怪，不容易被心理咨询师所理解。而对不理解的东西，接纳起来也格外困难。

这样的人对心理咨询师是一个太大的挑战，经过艰苦的努力，我们或许可以减弱他们的一些问题，但是要想彻底解决却几乎是不可能的。多数时候，根本没有可能和外星人进行任何交往——因为我们根本不可能了解他，他也完全没有兴趣去了解你。

No.5 神秘直觉的象征：巫和神秘动物

神秘的人和动物子人格是人直觉功能的化身。如果一个人的神秘子人格占上风，可能是其心理早期发展有问题的标志。

你一定见过这样的人，他身上弥漫着一种神秘的气息，仿佛他可以和另一个世界交往。他会给你占卜，仿佛说得还总是很对。他相信超自然的能力，而且会告诉你他也曾经有或者现在有这样的能力，至少也可以说出一两件神秘而难于解释的事件……这样的人，必定有一个神秘性的子人格。

巫师或巫女就是最常见的神秘性子人格。他们的衣服偏重于黑色或紫色，偶尔有一些大红色或者金色做点缀。相对比较来说，巫师更多偏黑色而巫女更喜欢紫色。他们的身材偏瘦、偏高，没有胖子，因为胖子太世俗，没有神秘感。他们的手中也许还有一些反映他们魔力的东西，如一根魔棒或者其他什么东西。巫女有时很性感。

当然，也会有“巫婆”子人格出现，巫婆有善有恶，善良巫婆相对胖一点。这是因为善良巫婆是“巫”的原型和“善良母亲”原型结合的产物。恶巫婆都很瘦，特别是那双爪一样瘦的手很引人注目。恶巫婆是“巫”的原型和“鬼”原型的结合产物。

在有的人那里,这个子人格是“吉卜赛女郎”,这是很容易理解的。吉卜赛人都表现得比较神秘。较神秘的还包括一些动物，也就是传说中那些有神秘力量的动物，包括蛇、乌龟、刺猬、黄鼠狼、蝙蝠、猫等。当然，这些动物也还有其他方面的象征意义。

这些神秘的人和动物本来是人的直觉功能的化身，并非心理问题的体现。不过，假如一个人的神秘子人格很占上风，可能是他在心理发展的早期有问题的指标。例如，在临床心理学中称为“边缘性人格”的人就常有一个占上风的神秘子人格。癔症也常有一个占上风的神秘子人格。在幼年期，每一个儿童都相信神秘世界。在成年后，一般人都随着社会化的过程放弃了直觉，改用理性逻辑思维。而边缘性人格的人则保留了更多的童年认知方式。换句话说，直觉和思维都是人类的认知方式。一个人用直觉不是错误，但是如果发现一个人过多使用直觉，而没有使用思维等其他认知方式，我们会怀疑他有问题——也许他的思维功能有缺损或减弱。

直觉的方式本身没有问题，但是和社会存在不和谐。在现代的科学主义占主导的社会中，他们却可能在心中保持一种有鬼神的信仰，这必被人们指为迷信，而这个指责也并不错，因为他们所看到的鬼神，在我看来也是想象的产物，归根结底只是心理现实而不是客观物质现实，他们毕竟是混淆了两类不同的现实。因此，神秘子人格占上风的人更容易出现“鬼附体”这类的现象。而在临床心理学中，“附体”是一种癔症的表现。

如何应对巫和神秘动物呢？应对巫和神秘动物的方式，不是消除或减弱它，也不是压抑它，否则你就损害了宝贵的直觉功能。我们所需要做的就是，把这个神秘人格放在一个适当的位置，要用其他的认知功能，主要是思维功能，来补充他。我们应该熟悉并坚持“心理现实性”的观点。可以利用自己的直觉，但是需要在现实中检验，如果不检验，直觉完全可能把我们带到错误的道路上去。也可以用思维去验证那些从神秘的直觉中获得的启发。实际上，许多科学大师的创造过程都是这样的，先在直觉中得到启发，然后用科学的方法和步骤来验证解释。

说到底，没有哪一个子人格是有害无益的，即使表面上最可怕的“魔鬼”，死亡的象征，也可以保护我们远离死亡。因为他可怕，因为我们恐惧他，我们可以把它画在毒药瓶子上——骷髅头和两根交叉的骨头。这个图像很吓人，但是正因为它吓人，才可以明确地提醒我们这瓶子中装的是毒药，减少和避免了我们误食的危险。我们心中的各个子人格还可以看作地球上的各种矿物，在不知道的人面前它就是石头，也许美丽，也许丑陋。但是如果知道了它的秘密，就可以化腐朽为神奇，可以用物理、化学或核物理的技术，从这些矿物中得到我们需要的宝贵的东西了。对巫和神秘动物尤其是这样。

心理学大师荣格曾研究过心理炼金术。随着时代的发展，我们已经可以有比荣格的方法更简单、有效、全面的心理炼金术，这就是人格意象分解技术。

跋
人格漫谈

话题一　人格意象分解视角下的“人性进化”：动物如何变成人

一、动物如何进化为人

在人格意象分解中分析出的子人格中，动物的形象是很多的。而且，动物意象的出现大都是在人格化的意象之后出现。对这个现象，我有一个特别的假设，不妨说一说，虽然这个假设比较奇异。

假设人从猿到人不仅仅是在生物学上有一个进化的过程，人在心理上也有一个进化过程，而心理的进化过程实际上是把动物性的子人格整合而形成人性的过程。

在宏观上看动物，可以说每种动物实际上都代表着对一种特定的行为方式的选择。牛羊选择了吃草，虎狼选择了吃肉，这是大方向上的不同选择。同是食肉动物，虎选择独自狩猎，狼选择团队合作。同样是草食动物，兔子的生存策略不同于野牛，而体形硕大的河马也用不着像羚羊一样学习快速奔跑。不同的选择必然使它们的行为模式在各个不同的方面都有所不同，也就是它们的“性格”各有不同。

在人的心目中，老虎勇敢和威严，光明正大，这是因为它没有天敌。老虎也不用像羚羊一样时时刻刻敏感地竖起耳朵，因此虎就没有羚羊那样“敏感”的性格。野牛有力量，当然也不必要像兔子一样狡猾。

当然，我们心目中这些动物所有的性格和动物的实际情况未必完全一样。例如，狼是一种很团结的动物，在团体内是非常友好的，而在人的心目中它有时是一种残暴的动物。不过，我们对动物的“印象”不会是完全没有根据的，狼虽然是很团结的动物，但是在和人偶遇的时候，一般的印象只是它们会死死跟着人，让你人觉得非常恐怖，所以我们的心中也自然认为它是很残暴的。

人也是一种动物,但是又明显地不同于其他动物,高于其他动物。人和其他动物有什么本质的区别呢？一个重要的区别就是，动物是按照本能活动的，而人是可以超出本能的。动物选择的生存方式各异，但是每一种动物都只有一种生存的方式，而人是可以有不同的生存方式做选择的。人可以选择让自己像虎一样勇敢，也可以选择像牛一样勤劳，小偷选择了像老鼠一样机敏，女人也可以选择像锦鸡一样美丽……

从心理的角度看，人是整合了各种动物的特性，整合了各种动物的生存方式。正因为人性中可以包含多种不同的特性，所以人有了一个动物没有的特性——灵活性和选择性。这个整合的过程就是猿进化为人的过程。

那么，为什么偏偏是猿进化为了人？除了学者说的种种原因，还有一个原因是猿有一个“模仿”的本能特性。

因为模仿，猿人可以学习其他动物的行为方式，它可以模仿虎的攻击行为，让自己也去吃肉；它也可以模仿狼的行为，利用团体的力量把野兽驱赶到悬崖，让这些野兽无路可逃；还可以模仿蛇隐蔽起来一动不动，模仿羚羊见危险就逃跑……

这样的过程，实际上就像孩子对父母、对榜样的内化，是把其他动物的行为模式内化到猿人心中，使他有了新的行为选择。久而久之，这些不同的方法成了猿人自己的方法，而且在不同的场合可以使用不同的方法。于是，一种质的变化出现了，猿人进化为人。

当然，这个过程只是猜测，也只能是猜测，我们没有这个过程的历史文献，也不可能从化石中分析猿人的心理活动。所以如果有研究者批驳我的这个观点，我是没有办法为自己辩护的。

还有一些间接的证据。那就是在猿进化为人之后，类似的过程也还在继续进行。这就是原始民族的动物图腾崇拜。弗洛伊德早就发现了图腾和父亲形象的类似性，也看到了在图腾崇拜的过程中男孩是在内化父亲的性格，还可看出图腾崇拜实际上和现代青年人的偶像崇拜活动很类似。原始人崇拜图腾动物，认为这个动物是祖先或者神灵，然后他们就会和现代青少年一样迷恋这些形象，他们模仿这些动物，在自己身上纹这些动物的图像或花纹，正如现代青少年穿上有明星偶像画像的服装一样。

图腾崇拜使人在情感上亲近了图腾动物，从而在心理上更容易模仿内化这些动物。于是这些动物在原始人心中有了一个“拓本”，通过这个拓本，动物的行为方式和“性格”进入了人的心理结构中。

图腾崇拜活动是人不断进化的关键，靠着它，人把不同动物的行为方式整合于自己一身，从而大大丰富了人格，使人的特质获得了跃迁——人开始脱离了动物界。

这是心理上的进化过程。

二、不同民族的性格差异

不同民族的性格的差异，或许就可以由此而得到解释。每一个民族都是由许多小的氏族逐步构成的，每个氏族都有自己的图腾。在人类长期历史中，不同的氏族结盟融合而形成更大的部落，不同的部落结合形成一种民族、一种文化。因而在每个文化中，都融合了多种图腾。

假设以蛇为图腾的部落征服了以鸟为图腾的部落，构成一个民族，这个民族的图腾也许还是蛇，但是鸟这个意象也不会消失，相反它会扩散到这个民族中。或者，这个民族有了一个新的图腾——“有羽毛的蛇”。

从大的视角看，每个氏族崇拜一种单纯的图腾的过程是分工的过程，是这个氏族为整个人类学习这种动物的行为方式；而通过各个氏族的结合和融合，通过各个不同的氏族的交流，整个人类互相学习，把大家的经验整合为了一个整体。每一个动物的图腾，形成一种动物的原型，潜伏于这个民族的集体潜意识中，而在某一个人身上，一旦被激活并被经验充实，就成为一个以动物形象出现的子人格。

不同民族的主导图腾不同，包含的图腾动物的数量或者各种图腾动物的“比例”不同，因而表现出来的性格也就不同，这就是民族性产生的一个原因。

直到今天，图腾也并没有在所谓的文明社会中消亡，在君主制国家的贵族的徽章中也有各种动物图案，那就是图腾；各个国家有自己的国花，这也是图腾；各个民族有这个民族代表性的动物，这还是图腾。

美国人以白头雕为图腾，中国人以龙为图腾。也可以在文学作品中总结发现一个民族具有哪些图腾。例如，在俄罗斯人的文学作品中，常常用鹰来赞扬个人，“俄罗斯的鹰”指的是那些勇敢而骄傲的男子。也就是说，俄罗斯以鹰为其图腾之一；马，显然是蒙古人的一个图腾。可以从各个民族主导的、常用的图腾动物形象来发现这个民族的性格特点。

在为来访者做人格意象分解时，发现中国人有一个特别的动物子人格似乎是我在西方人的文献中很少见到的，那就是“蝴蝶”。具有这个子人格的人，性格有一种超然的态度，喜欢自由和美，而对世俗生活不是很在乎。他是更注重精神生活的人。在中国的文献中这个形象也是常常被提到的，从庄周梦见自己变成了蝴蝶，到梁山伯、祝英台死后变蝴蝶。

这或许是体现中国人和西方人不同的一个特质，中国人有超然出世的一面，而西方人是更为入世的。

话题二　创造人格意象分解的灵感和历史渊源

人格意象分解的方法是我和孙新兰博士所独创的方法。不过，任何一个方法都不会是无源之水、无本之木，如果追溯历史就可以看到，历史上的一些研究和思想构筑了人格意象分解的基础。

一、耶勒、普林斯的思想：潜意识的分裂作用

美国人普林斯并没有弗洛伊德或荣格的名气大，不过，在回溯过去的研究时，发现他有非常好的创见。虽然一开始做人格意象分解的时候没有参考他的研究，但是后来见到对他的介绍时，发现他的思想刚好是我采用的方法的基础。

普林斯继承了法国巴黎派耶勒等人的观点，解释潜意识的方式是用“分裂作用”。这与目前广为人知的弗洛伊德派的“压抑作用”的观点是不同的。

耶勒认为，心理是由无数的心理经验组成的。以他的看法，“意识的经验纷纭错杂，起伏无常，其所以形成完整人格者，实际上有综合作用。所谓综合作用，就是拿自我做枢纽，将凌乱的心理事实贯串于一气。例如，‘我觉寒’这个意识经验就是综合作用的结果，其中‘觉寒’是一件事，而‘我觉寒’又是另一件事。‘觉寒’二字所代表的是一件新发生的、很细微的心理事实，‘我’字所代表的则为完整人格，其中内容极繁复，举凡我之思想情感习惯和过去经验等无不包罗在内。在言‘我觉寒’时，其意即谓完整人格吸收此新发生的一件细微的心理事实以扩大其内容……综合作用失败，

分裂作用乃因之而起……有综合作用乃有完整健全的人格，无综合作用，人格乃分裂为二重或多重。”

普林斯继承了分裂作用的说法，并且指出：“在高级神经中枢中，不同的观念或心理经验可以联系在一起即所谓的联想，在低级神经中枢也有，心理经验可以联结为‘系统’或‘情结’。”他认为“联络系统分为三种，而每种都可因分裂作用而脱离第一意识。第一，我的兴趣是多方面的……我对每项所用的思考、所感情绪、所发动作都各不相同，所以每项在我的心理生活中都自成系统，就是普林斯所谓的主题系统……第二，我有一个时期做学生，一个时期经商，一个时期陪朋友在外国游历。这几个事情的经验因时间接近的关系而各自成系统，就是普林斯所谓的时期系统。第三，上述两系统以外又有‘情趣系统’。各个人生来有一种自然倾向……有时他所处的地位、所做的事业或与他的脾胃不相容，例如，他本来好浪漫生活，因为成为牧师，不得不摆起堂堂道貌。”

普林斯还用一个有四重人格的女士为例，说明了他的理论。该女士在 18 岁的时候，因情感的触动，性格完全改变，新的性格保持了 6 年。在第 6 年末，她找普林斯治疗心理问题，普林斯用催眠术治疗，发现在催眠中露出了一个新的性格。这个新性格给自己取了一个新名字，而且把自己看作另一个人。后来又有了一个新性格。

最后，普林斯总结发现她有这样几个性格：“圣人”，是一个虔诚而刻苦的女人，学习成绩很好，身体弱；“女人”性格暴躁，好争吵，自私自利，野心很大，好社交，但是对宗教和学问不感兴趣；“孩子”则好玩，粗俗，喜欢恶作剧。最后有一个性格综合了“圣人”

和“女人”的优点而没有她们的缺点。

可以清楚地看到，普林斯发现的这个现象和我们的非常相似，这4个“性格”不多不少正是我们所说的“子人格”。而普林斯对这些分裂的部分的解释也是我们可以接受的。个人认为，潜意识存在的原因，既有弗洛伊德所说的“压抑”，也有耶勒、普林斯的“分裂”。在一个人由“我”来统合某些经验的时候，他也在用“我”来压抑排斥另一些经验。没有被统合的心理经验存在于潜意识中，被压抑的心理经验也存在于潜意识中。

当气温降低的时候，这个人说“我觉得冷”，于是“觉得冷”这个经验就统合于“我”；假如他当时被汽车撞昏了，就没有了综合作用，于是他没有在心里说“我觉得冷”，当他苏醒过来，他也没有“觉得冷”的记忆。但是，即使在昏迷中，实际上他的很多神经中枢还在活动，所以对冷的记忆还是有的，在潜意识中还有保持。在催眠或其他方法揭开潜意识时，还有冷的记忆。这就是因为综合作用失败，因为“分裂作用”而产生了潜意识。还有一种情况是，虽然天气冷，但是这个人认为自己是一个十分坚强、对寒冷根本不在乎的人，他不愿意承认自己觉得冷，于是他也不会在心里说“我觉得冷”，相反他努力对自己说“我一点也不觉得冷”，于是“觉得冷”这个心理经验也进入了潜意识，这就是“压抑作用”。这两种情况都是可以存在的。

由于弗洛伊德的精神分析影响加大，成为主流，耶勒、普林斯的思想相对被忽视，但是，人格意象分解方法则继承了这个思想，把弗洛伊德没有研究的这一方面揭示了出来。

二、荣格的分析心理学思想

数年前，当我和合作者一起，每天周旋于各个子人格之中的时候，突然发现，我们所做的事情和荣格的经验不谋而合。

当和许多各种各样的子人格打过交道后，再回头看荣格的一些话，发现这些话就像是我们自己说的一样。

例如，荣格曾这样说："在一些部落中，人们认为一个人有着数个灵魂。这种信仰表现了一些原始的人们那种每一个人都是由数个互相联系，而又相互区别的部分构成的感情。这意味着个人的心灵远远没有稳定地综合为一体，相反，在未受遏制的感情的猛烈冲击下，心灵很容易被撕成碎片。"

"虽然我们是从人类学家的研究中熟悉这种情境的，然而，这种情境并不像它看上去那样与我们自身的高度文明毫不相干，我们同样亦能变得精神分裂，失去我们的统一性，情绪可以使我们改变心境、着魔，或者变得失去理智，不能回忆起有关我们自身或他人的重要事实。因此，人们问，'你着了什么魔？'我们谈论能够控制自己的能力，然而，自我控制却是一种罕见的、非同寻常的美德。可以去想象我们能够控制自己，可是一位朋友却能很容易地告诉我们有关我们自身的事情，我们对这些事情却一无所知。"

"不容置疑，甚至就是在我们誉之为文明的高级阶段，人类的意识依然未能获得一种适度的连续性，它依然是脆弱的，易于破碎的。的确，这种隔离人的心灵部分的能力是一种有价值的特性，它使得我们在一个时刻能将注意力集中在一件事情上，排除其他可能会吸引我们注意力的一切。然而，在意识决定进行分离，暂时抑制人的心灵的一部分与在个人一无所知或者不同意，甚至违反个人意愿的条件下，这种情况的发生之间却有着天渊之别。前者是文明的成果，而后者是原始的‘灵魂丧失’，或者甚至是神经症的病理学上的病因。”（见《荣格心理学纲要》，203 页）

正如荣格所说，原始人的心灵没有综合为一体，是由“数个灵魂”构成的。所谓数个灵魂，是数个互相联系而又相互区别的部分。也正如他所说，我们同样能分裂我们的心灵，失去我们的统一性。而他所说的第三点是，我们有意识地、主动地隔离人的心灵和被动的、无意识的分裂是不同的。

人格意象分解技术就是文明的一个新成果，一种简单易行的隔离或者说分离心灵的方法。正如荣格所说，虽然人格意象分解和多重人格患者所自发发生的现象非常相似，但是却有天渊之别。

我们的一些子人格，就是荣格所说的原型所化现出的心理意象。我们对荣格的发展也不多，只是找到了一种更好的发现和体验原型的方法。

话题三　意象对话人格观的独特之处：人格是一个可分的整体

我认为这是心理学中的一个老谜语，人的心灵究竟是一个不可以分割的整体，还是可以分成不同的部分。在东方的思想中有它的答案：它是不可分割整体，也是各个部分的和。这个答案不太好理解，在字面上，这是矛盾的。既然不可以分割，又怎么可以说它是各个部分的和。所以，不同的心理学流派、不同的人物，回答这个问题时都不得不偏向一方；或者说人格是不可分割的整体，或者说人格是一些特质的和。前一个阵营，主要将领是人本主义者，如罗杰斯；后一个阵营中，出名的大将有卡特尔等。

整体派将领批评组合派，说他们是把人肢解了。我觉得他们的批评很对。明明是一个完整的人，要分出什么“聪慧性”“有恒负责性”“紧张性”，仿佛用这些砖头瓦片可以拼出一个人。几分的“有恒负责”，几分的“紧张性”，就配了一个人，轻视了这些因素的相关性。要知道，这些因素必然是有关的。这个人的“紧张性”不是孤立的，也许就是因为他“有恒负责”，所以才容易紧张。如果不负责任，我有什么好紧张的？如果他“有恒负责”但是他冒险敢为，也许也不紧张。怕什么，负责就负责，有什么好紧张的？

整体派的论点是：一个人的手一旦从身体上切下来，就不是人手。手只是在人的整体上才有手的意义，切下来，离开了人体这个大系统，它什么也不是。假如一个人说：他有两只手、两条胳膊、一个头、一个躯干和一副腿脚，拼起来就是一个人，这是胡说。一个女人的脑袋和男人的躯干结合就不是一个人。梁山好汉中，鲁智深、李逵、武松在“冒险敢为”因子上都可以是满分，但是他们冒险的性质是不一样的。李逵是抡起板斧就上；鲁智深是先化装成小媳妇，再等待抢新娘的绿林客；武松是不服气才冒险上山而打了老虎。可以清楚地感到，他们的冒险性，不是量的不同，而是质的不同。这质的不同，和他们性格的其他方面是有关系的。而不是卡特尔说的，可以区分出“纯粹的”冒险敢为性。

组合派知道自己有软档，但是对整体论者的批评有点不以为然，你们的道理头头是道，但是，关于人，不是说一句“是整体”就可以打发。你们说每一个人都是独特的。可是作为心理学家，你只说人都是独特的，这不行。在实际工作中怎么办？学校校长让我把学生分类，我告诉他说，不行，每一个人都是独特的，分类是对他们的不尊重。我要把100个学生分100类，校长一定会不满意。但是组合派就可以令校长高兴。我们用一个量表，根据16个（或者更少，或者更多）因素，就可以妥妥当当地分类。谁说人是不可以分割的？我们明明看到人格是可以分析的。我觉得他们的话也很有道理。但是他们之间是不相容的。

人格意象分解技术就解决了这个问题。我们说人格是整体，是的，即使是被分裂后，那些子人格不也是一些整体的人格吗？每一个子人格都不是“特性”，而是一个完整的心灵，有他自己的认知、自己的情感和自己的行为倾向；甚至有自己的历史、自己的爱憎、自己的性别心理和年龄心理。形象地比喻，我们没有把一个人拆成“手”“脚”“头”这样的碎片，结果还是人，我们把一个完整的人拆成了几十个同样完整的人。

但是，我们毕竟在拆。也就是说，我们承认人格是可以被拆解为部分的。这样避免了整体阵营的弱点，他们没有办法分析人，我们可以。

关键就是，对于分裂人格的方法，整体派过去理解得简单，他们心中的方法，拆开人就只能像拆机器一样，实际不是的。人不是由一些零件像组合机器一样组合的，而是像七种色光组成了太阳光那样组合成的，是像一个不同频率的声音组合为一个声音那样组合成的。所以分解人格的方法也不是按特性分，而是按“频率”分，分开了的每一个部分本身也是一个完整的小整体。

这样，罗杰斯和卡特尔就没有矛盾了。在这一方面，可以骄傲地说，我们的成就不小。